Sigrun Schlick| Maria Lucia Marinho |
Alexander Schlick

Führen leicht gemacht

Sigrun Schlick | Maria Lucia Marinho |
Alexander Schlick

Führen
leicht gemacht

Was Sie als Chef wirklich wissen müssen ...

REDLINE WIRTSCHAFT

Bibliografische Information der Deutschen Nationalbibliothek

Die Deutsche Nationalbibliothek verzeichnet diese Publikation in der Deutschen Nationalbibliografie.
Detaillierte bibliografische Daten sind im Internet über http://dnb.d-nb.de abrufbar.

ISBN: 978-3-636-01554-9

Unsere Web-Adresse:
www.redline-wirtschaft.de

2., überarbeitete Auflage

Umschlaggestaltung: Schröder Design, Leipzig
Satz: J. Echter
Druck und Bindung: CPI – Ebner & Spiegel, Ulm
Printed in Germany

Inhalt

Vorwort zur 2. Auflage

Seit dem Erscheinen des Buches im Jahre 2002 ist es für Führungskräfte weltweit nicht leichter, sondern eher schwieriger geworden, ihre Aufgabe zu erfüllen. Dafür gibt es eine ganze Reihe von Gründen:
Ausgehend von der Immobilienkrise in den USA wurde die ganze Welt von Finanzkrisen erschüttert. Nicht nur große Vermögen gingen teilweise verloren, auch das aus Arbeitseinkommen Ersparte hat an Wert verloren. Das Vertrauen in die Wirtschaft hat gelitten. Manche stellen sich die Frage: Wozu arbeiten und sparen? Ein gewisser Fatalismus macht sich breit.
Motivationsverlust bei steigenden Anforderungen an die Mitarbeiter und erhöhtem Wettbewerb und damit verbundenem Kostendruck machen die Führungsaufgabe zu einer wahren Herausforderung, die man nur mit fundierten Führungsfähigkeiten und einer stabilen Persönlichkeit meistern kann. Dazu soll dieses Buch einige Anregungen geben.
Inzwischen ist deutlich geworden, dass die Bevölkerung in den sogenannten westlichen Industrieländern – zu denen auch Japan zählt – abnimmt, während jene Asiens weiter zunimmt. So macht die Bevölkerung Indiens und Chinas zusammen bereits 40 Prozent der Weltbevölkerung aus und zudem wird in China diskutiert, von der Ein-Kind-Politik Abstand zu nehmen. Durch das Wachstum in Asien werden Rohstoffe auf den Weltmärkten knapp und damit teuer. Nur noch immer produktiver werdende Prozesse und Abläufe können diesen Nachteil wettmachen. Abermals sind also gute Führungskräfte gefragt, um die besten Mitarbeiter zu finden, zu binden und entsprechend richtig einzusetzen.
Durch die abnehmende Bevölkerung im Westen werden einerseits die Arbeitskräfte knapp, andererseits nimmt damit natürlich auch die Zahl der Konsumenten auf längere Sicht ab. Wenn in Zukunft dieser Bevölkerungsmangel weiter durch Migration ausgeglichen werden sollte, was vermutlich passieren wird, so sind die Führungskräfte abermals gefragt, die Kulturunterschiede entsprechend zu berücksichtigen.

Die Erweiterung der EU hat die unternehmerische Landschaft in Europa grundlegend verändert. Zweifelsohne ergeben sich dadurch auch viele Vorteile. Für die Führungskraft von morgen bedeutet das neue Europa aber auch, flexibler zu sein, mehrere Sprachen zu sprechen und auf Kulturunterschiede innerhalb Europas einzugehen. Ganz Europa ist nun zwar einerseits Markt, was sicher ein Vorteil ist, aber auch Konkurrent – sowohl im Hinblick auf Lieferanten und Kunden als auch im Kampf um qualifizierte Mitarbeiter. Durch die Folgen des 11. September haben sich viele Dinge verteuert, allem voran die fossilen Brennstoffe. Damit sind die Transportkosten weltweit gestiegen, was den Unternehmen noch mehr Effizienz abverlangt. Diese Erhöhung der Effizienz bedingt mehr Stress in der Arbeitswelt; die sozialen Fähigkeiten der Führungskraft sind gefordert, vorbeugende Maßnahmen gegen Burnout zu treffen und kritische Zustände rechtzeitig zu erkennen. Folgende Geschichte soll veranschaulichen, dass es dennoch Licht am Ende des Tunnels gibt:

Zwei Bekannte wandern durch die Savanne. Plötzlich sehen sie in der Weite einen sehr hungrigen Löwen auf sich zukommen. Eine gute Mahlzeit vor Augen, kommt er rasch näher. Einer der beiden packt in Ruhe seine Laufschuhe aus und zieht diese an. Sein Bekannter fragt ihn überrascht, ob er denn glaube, schneller als der Löwe laufen zu können. Die lapidare Antwort: Schneller als der Löwe nicht, aber schneller als du!

Und genau darauf kommt es an: Unter den oben genannten Rahmenbedingungen gilt es immer mehr, schneller als die anderen zu sein. Wer als Führungskraft früher die sprichwörtlichen Laufschuhe an hat, kann dem Löwen eher entkommen.

Unser Buch möchte Ihnen dabei eine Hilfe sein.

Vorwort zur 1. Auflage

„Nullum est iam dictum, quod non sit dictum prius!" („Es gibt nichts, was nicht schon früher gesagt wurde.") – Das wussten schon die Gelehrten im alten Rom. Dies gilt vermutlich im besonderen Maße für Führung. Bücher über Menschenführung und Motivation gibt es wie Sand am Meer. Sie werden sich berechtigterweise fragen, warum wir uns dennoch entschlossen haben, dieser Menge an Büchern noch eines hinzuzufügen.

Bei unzähligen Seminaren und Workshops wurden wir immer wieder gefragt, welche weiterführende Literatur wir empfehlen können. Und da kamen wir schon in die Zwickmühle. Viele der ausgezeichneten Standardwerke sind entweder vergriffen oder nie auf Deutsch erschienen. Einige Lehrbücher sind zwar noch verfügbar, und dies sogar in deutscher Sprache, sie haben aber einen Umfang, der viele Leser abschreckt, deren Zeitbudget begrenzt ist. Zu guter Letzt sind in einigen Büchern vor allem einzelne Kapitel interessant, deswegen wird man aber nicht gleich das ganze Buch kaufen.

Es handelt sich bei dem vorliegenden Buch also um ein Kondensat aus all den Erkenntnissen zum Thema Menschenführung, die wir für wichtig halten, gespickt mit eigenen Anekdoten und Erlebnissen. Die unterschiedlichen Denkansätze werden einander gegenübergestellt und daraus eine Synthese versucht. Sie werden keine Moden in diesem Buch finden, denn einem Strohfeuer gleich verschwinden sie ebenso schnell, wie sie gekommen sind.

Menschen zu führen ist die schwierigste Aufgabe der Welt! Mit diesem Buch soll es Ihnen leichter gemacht werden. Viele Verhaltensweisen, die Sie intuitiv an den Tag gelegt haben, werden Sie bestätigt finden. Das gibt Sicherheit. Andere Inhalte mögen neu für Sie sein, hier sind Sie eingeladen zu prüfen, was davon für Ihren Arbeitsalltag nützlich ist. Mithilfe der sofort verwendbaren Fragebögen und Arbeitspapiere können Sie morgen schon umsetzen, was Sie heute lesen.

Viel Spaß beim Lesen und viel Erfolg bei Ihrer „unmöglichen" Aufgabe wünschen

Sigrun Schlick, Maria Lucia Marinho und Alexander Schlick

Einleitung

Sie kennen vielleicht die indische Geschichte, bei der eine Gruppe von Gelehrten in einem vollkommen dunklen Raum einen Elefanten untersuchte. Ziel war es herauszufinden, worum es sich bei dem riesenhaften Gebilde handelte. Jener, der gerade ein Bein berührte, sagte im Brustton der Überzeugung: „Es ist eine Säule, das ist ganz eindeutig!" Sein Kollege, der den Rüssel betastete, sagte: „Es ist eine große Schlange, das ist ganz klar!" Und jener, der den Stoßzahn berührte, war sich sicher, dass es eine Lanze wäre. Der Gelehrte, der sich am Ohr zu schaffen machte, bezeichnete das Gebilde als Fächer, ein anderer hingegen als Liege, denn er inspizierte den Rücken. Natürlich besteht ein Elefant aus all diesen Komponenten – aber erst die Gesamtheit macht ihn zu dem, was er ist.

Ähnlich verhält es sich mit der Führung: Menschenführung ist eine Kunst, die aus einer Reihe von Fähigkeiten, Fertigkeiten und Persönlichkeitsmerkmalen besteht. Die einzelnen in diesem Buch betrachteten Aspekte der Führung sind zwar Voraussetzung, um diese Kunst zu beherrschen, aber erst ihre Kombination ergibt den wahren Erfolg.

Wir haben uns diesem Thema angenähert, indem wir die Kunst des Führens in sieben Komponenten zerteilt haben. Jede dieser Komponenten beleuchtet die Kunst von einer anderen Seite. Die Aufgliederung in genau diese Komponenten hat sich aus didaktischen Gründen in unzähligen Seminaren bewährt. Sie ist dennoch künstlich und entspricht nicht einem natürlichen Prinzip. Daraus resultiert notwendigerweise eine teilweise Überlappung der Inhalte; die Grenzen zwischen den Kapiteln sind fließend. Erst die Gesamtschau lässt das ganze Bild erkennen – so wie in der indischen Geschichte. Mit folgenden Komponenten soll Ihnen die Führungsaufgabe leichter gemacht werden:

Führung

Was ist Führung und welche Stile haben sich im Laufe der Zeit herauskristallisiert? Hier geht es um eine allgemeine Begriffsbestimmung und darum, wie sich Führung im Laufe der Geschichte verändert hat. Menschenführung ist nicht losgelöst vom Umfeld und vom Zeitgeist zu sehen, sondern von ihnen abhängig. Obwohl sich die Grundprinzipien der Führung seit dem antiken Rom nicht wirklich verändert haben, finden wir heute gänzlich andere Rahmenbedingungen vor. Globalisierung, Informationsgesellschaft und rascher Wandel sind nur einige von den Bedingungen, die Menschen mit Führungsaufgaben vor große Herausforderungen stellen.

Motivation

Motivation ist das Kernstück der Führung. Die Fähigkeit, Menschen bei ihren innersten Motiven und Wünschen zu erreichen, ist nicht hoch genug einzuschätzen. Nur dort, wo man Menschen berührt, kann man sie auch bewegen. Und Bewegung ist unabdingbar, wenn man überdurchschnittliche Leistungen benötigt. Unzählige Motivationstheorien wurden im Laufe der Geschichte formuliert, dann kritisiert und am Ende vergessen. Es ist leicht, etwas zu verwerfen. Man sollte das aber nur tun, wenn man etwas Besseres in der Hand hat. Viele Modebücher über Motivation, die sich über die Theorien lustig machen, können genau das nicht.

Peter Drucker, Altmeister der Führung, sagte einmal: „Wir wissen nichts über Motivation. Alles, was wir tun können, ist, Bücher darüber zu schreiben."

Im Grunde hat er natürlich Recht. Trotzdem beinhalten die meisten Motivationstheorien zumindest einen interessanten Denkansatz. Da es noch keine allgemeingültige und umfassende Theorie zu diesem Thema gibt, haben wir uns entschlossen, viele dieser Theorien einander gegenüberzustellen und zu vergleichen. Aus der Synthese all dieser Theorien, so hoffen wir, können Sie für Ihre Führungsaufgabe etwas mitnehmen.

Kommunikation

Kommunikation wird von den meisten Führungskräften als Schlüssel des Erfolgs gesehen. Es geht im Wesentlichen darum, möglichst ohne Missverständnisse und in einem guten Klima Informationen, Befindlichkeiten und Meinungen kundzutun. Genau daran scheitern aber die meisten Gruppen. Die Folgen sind Missgunst, Fehlinterpretationen und zerstörerische Konflikte. Es wäre natürlich eine Illusion zu glauben, dass Kommunikation in einem Seminar oder durch die Lektüre eines Buches plötzlich einwandfrei funktionieren wird, aber schrittweise Verbesserungen sind allemal zu erzielen. Wie heißt es so schön: Steter Tropfen höhlt den Stein!

Teams

Sind die Grundlage jeder Zusammenarbeit. Als Führungskraft werden Sie während Ihres Arbeitslebens vermutlich öfter gefordert ein, Teams ins Leben zu rufen, seien es Projektteams, Qualitätszirkel oder Entwicklungsteams. Teams sind jedoch nur effektiv, wenn man eine Reihe von gruppendynamischen Gesetzmäßigkeiten berücksichtigt. Tut man dies nicht, folgen unweigerlich Reibungsverluste und ineffiziente Ergebnisse. Dieses Kapitel beschäftigt sich mit den unterschiedlichen Arten von Teams, worauf man bei der Teamzusammensetzung achten sollte und wie man aus einem Haufen von Individuen ein arbeitsfähiges Team macht.

Konflikte

Konflikte gibt es immer und sie sind gut. Letzteres gilt aber nur, wenn sie die Grundlage für eine Verbesserung darstellen. Konflikten wohnt nämlich auch eine zerstörerische Kraft inne, die es abzuwenden gilt. Stattdessen kann – bei richtiger Umlenkung – diese Kraft in eine positive Win-Win-Lösung verwandelt werden. Dazu bedarf es allerdings großen Fingerspitzengefühls und einiger Technik. Werden Konflikte nicht behandelt, sondern unter den Teppich gekehrt, so brechen sie meistens im ungünstigsten Augenblick aus, und zwar in aller Vehemenz.

Stress

Nur wenn Sie als Führungskraft Ihren eigenen Distress, also den schlechten Stress, unter Kontrolle haben und die positive Energie des Eustress nutzen können, werden Sie Ihre Mitarbeiter erfolgreich führen. Darüber hinaus ist es wichtig, den Stresslevel in der Gruppe zu erkennen, um gegenzusteuern.
Nur wenige Menschen sagen, dass ihre Arbeitsbelastung in den letzten Jahren abgenommen hat. Neue Kommunikationsmittel verlangen ein viel rascheres Reagieren. Noch vor einem Jahrzehnt kommunizierte man mit Briefen. Diese befanden sich einige Tage auf dem Postweg. Das Aufkommen der Faxgeräte beschleunigte die Kommunikation schon erheblich. Eine E-

Mail will noch rascher beantwortet werden. Führungskräfte bearbeiten an einem Arbeitstag oft einige hundert Mails – neben all den anderen Aufgaben, mit denen sie betraut sind. War früher der Beobachtungszeitraum für die Leistung ein Jahr, so werden heute die Ergebnisse zumindest vierteljährlich, oft sogar monatlich gemessen. All dies führt zu Stress, der oft genug gesundheitliche Probleme mit sich bringt, wenn nichts dagegen unternommen wird. Leider hören viele Menschen erst viel zu spät auf die Alarmglocken, manchmal sogar erst dann, wenn der Herzinfarkt bereits zugeschlagen hat. In diesem Kapitel werden die frühen Alarmzeichen beschrieben und Gegenstrategien aufgezeigt.

Sozio-emotionale Intelligenz

Längst gilt der Intelligenzquotient alleine nicht mehr als ausreichend für Führungserfolg. Die Fähigkeit, Emotionen zu erkennen und mit ihnen umzugehen, ist mindestens genauso bedeutend. Die neue Formel dafür heißt:

$$\text{Intelligenzquotient} \times \text{emotionaler Quotient} = \text{Erfolg}$$

Sozio-emotionale Intelligenz ist der Schlüssel zum gelungenen Zugang zu Ihrem Selbst und zu den Mitarbeitern. Von ihr hängt die Fähigkeit ab, Menschen zu gewinnen, ihnen mit Empathie zu begegnen, Konflikte zu einer Win-Win-Lösung zu bringen und zielführende Teamarbeit zu leisten.

1. Führung

Führung in der Krise

Dieses Buch zum Nachlesen und Auffrischen wendet sich in erster Linie an neu ernannte Führungskräfte und Führungskräfte der mittleren Ebene. Es darf jedoch nicht unerwähnt bleiben, dass sich nahezu weltweit in den obersten Etagen der Unternehmungen eine Führungskrise beobachten lässt. Während die Aufgaben der Führungskräfte an der Spitze immer weniger wahrgenommen werden, fallen die Belohnungen immer üppiger aus. Ethisches Verhalten – gelebte Verantwortung für die anvertrauten Menschen und Verantwortung für unsere Umwelt – lässt sich viel zu selten beobachten. Die an Vorstände und Geschäftsführer ausgezahlten Entgelte erreichen nicht mehr vertretbare Höhen. Es sei nur stellvertretend für andere an den Vorstandsvorsitzenden Jürgen Schrempp von DaimlerChrysler erinnert. Sein Wirken im Unternehmen kann abschließend wohl als verheerend bezeichnet werden. Das Vermögenspaket, das für ihn bei seinem Ausscheiden geschnürt wurde, wird ebenfalls in die Geschichte eingehen.
In den ersten Jahren des dritten Jahrtausends kippten die Aktienkurse und mit ihnen auch viele Vorstandschefs. Sie haben Fehler gemacht. Sie sind Moden aufgesessen.
Ist das das Ende einer Ära, die für schnelles Wachstum durch Firmenübernahmen und Internationalisierung steht? „Back to basics" heißt neuerdings die Parole in so manchem Unternehmen. Besinnen wir uns auf unsere alten Stärken! Wird das Handeln jedoch nach dieser Devise ausgerichtet, dann kann auf überzogene Sanierungsbemühungen ein verhängnisvoller Stillstand folgen, der das langfristige Wachstum gefährdet. Statt Gestalter übernehmen oft Verwalter das Ruder. Und die Führungskrise wird verlängert.
In den nur fünf Jahren seit dem Erscheinen der ersten Auflage dieses Buches ist das Ansehen der Manager stark gesunken. Ihre öffentlich zur Schau gestellte Gier, gepaart mit gelebter Verantwortungslosigkeit wird nicht nur von den Aktionären, sondern auch von den Mitarbeitern abgelehnt. Die Steuerfahnder sind in Deutschland unterwegs, aber nicht nur dort. Jeden Tag gerät ein neuer Name in die Schlagzeilen. Reiche Leute, die ihre Millionen vor

dem Staat in Sicherheit bringen wollen. Ist das unsere wirtschaftliche Elite? Jene, die sich abkapselt und sich vorzugsweise bei Ehrungen trifft, bei denen ein Manager den anderen auszeichnet als „Manager des Jahres"?
Mit Führungskräften dieser Art kann man sich kaum noch identifizieren. Die Redensart „Der Fisch stinkt vom Kopf her" gilt heute mehr denn je. Wie soll es in den Unternehmen weitergehen? Ohne ernst zu nehmende Ethikdebatte, zumindest aber ohne Basisregeln der Fairness werden wir nicht auskommen. Das mittlere Management kann diese Krise nicht allein lösen, spürt jedoch das oben Gesagte in besonderem Maße. Mitarbeiter trauen der obersten Führungsebene nicht mehr – das hat weitreichende Konsequenzen für das mittlere und obere Management.
Da hilft in erster Linie eines: Führungskräfte müssen mit ihrer Persönlichkeit und Integrität wirken, um positive Effekte hervorzurufen. Bloßes „Anschaffen" reicht nicht mehr. Davon handelt dieses Buch!

Die Definition

Fragen wir uns zunächst, was führen eigentlich heißt. Eine Antwort lautet:

Führen heißt, mit Menschen Ziele zu erreichen.

Diese Definition ist auf den Bergführer ebenso anwendbar wie auf den Manager eines kleinen oder großen Unternehmens. Demnach findet „Führen" überall statt, wo Menschen zusammenkommen und etwas gemeinsam erreichen wollen.
Die zwei Hauptaufgaben einer Führungskraft sind demnach,

1. die Unternehmensziele zu verfolgen und
2. aus den Menschen, den Mitarbeitern, ein zielorientiertes Team zu formen.

Sie werden manchmal für die erste Funktion auch die Bezeichnung *Lokomotionsfunktion* oder *Zielfunktion* finden und für die zweite *Mitarbeiterfunktion* oder *Teamfunktion*.

Die Ureinwohner Nordamerikas haben die Führung ihrer Stämme zwei Personen übertragen: Es gibt den Häuptling, der die Stammesziele (Zielfunktion) im Auge behält, und den Medizinmann, der für das Wohlergehen und die Gesundheit der Stammesmitglieder (Mitarbeiterfunktion) zuständig ist.

Das Modell

Die US-amerikanischen Wissenschaftler Robert Blake und Jane Mouton haben aus diesen beiden Hauptfunktionen ein Führungsmodell entwickelt. In diesem Modell werden den Funktionen der Führungskraft deren Orientierungen zugeordnet, woraus sich eine auf einer Skala von 1 bis 9 ausgedrückte „Ziel- oder Produktionsorientierung" und ebenso auf einer Skala von 1 bis 9 dargestellte „Mitarbeiterorientierung" ergibt. Die folgende Zeichnung soll das erläutern:

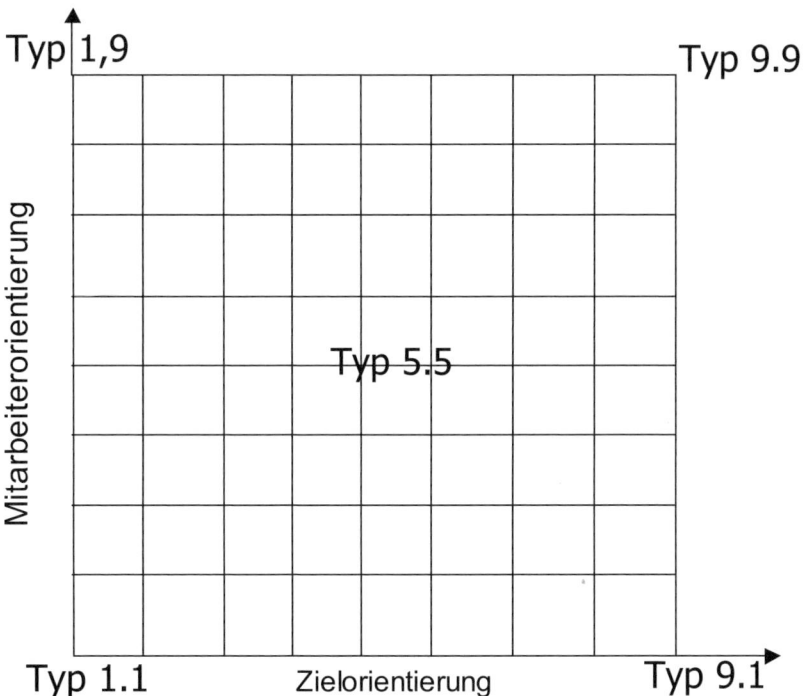

Kurze Beschreibung der fünf Haupttypen:

- Typ-1,1-Führungskräfte zeichnen sich dadurch aus, dass sie nur jene minimale Anstrengung im Unternehmen aufbringen, die notwendig ist, um Mitglied der Organisation zu bleiben und nicht gekündigt zu werden. Sie richten ihre Anstrengungen weder darauf, die Organisationsziele zu erreichen, noch, produktive zwischenmenschliche Beziehungen aufzubauen.
- Typ-1,9-Führungskräfte nehmen sorgfältig Rücksicht auf die Bedürfnisse der Menschen, sie möchten befriedigende zwischenmenschliche Beziehungen und streben ein komfortables, freundliches Arbeitsklima an. An den Zielen der Organisation zeigen sie wenig Interesse.
- Typ-5,5-Führungskräfte setzen gerade so viel Energie ein, dass eine zufriedenstellende Leistung herauskommt und gleichzeitig ganz gute Arbeitsbeziehungen aufrechterhalten bleiben.
- Typ-9,1-Führungskräfte erreichen die Unternehmensziele, indem sie die oft störenden Einflüsse der Mitarbeiter auszuschalten versuchen.
- Typ-9,9-Führungskräfte sehen das Unternehmensziel als Ergebnis von engagierten, motivierten Mitarbeitern; die Arbeit am gemeinsamen Zweck führt zu einem Klima, das von Respekt und Vertrauen getragen ist.

Es gibt Personen, die sich lieber um die Erreichung von Unternehmenszielen kümmern, als Mitarbeiteraufgaben zu erledigen. Umgekehrt ziehen es manche Führungskräfte vor, sich um Mitarbeiteranliegen zu kümmern, mit ihnen zu reden und sie zu motivieren, anstatt vorrangig die Ziele des Unternehmens zu verfolgen. Wenige zeigen eine gleichermaßen starke Ausprägung in beiden Orientierungen. Dieser Typ (9,9) ist als Idealtyp zu bezeichnen. Jede Abweichung davon zeigt die individuellen Entwicklungspotenziale auf.
Erforschen Sie sich selbst in fünf stillen Minuten! Bei welchen der beiden Hauptfunktionen von Führungskräften haben Sie sich in der Vergangenheit wohler gefühlt und welche haben Ihnen die größeren Erfolge gebracht: Als Sie sich hauptsächlich mit Mitarbeitern und deren Motivationen und Problemen beschäftigten oder als Sie in erster Linie die Effizienz des Unternehmens im Auge hatten und dabei versuchten, den oft auch störenden Einfluss der Mitarbeiter auszuschalten? Oder liegt Ihnen beides gleichermaßen? Tragen

Sie Ihre Selbsteinschätzung in ein Blatt nach diesem Schema ein, fragen Sie Kollegen und Kolleginnen, wie sie Sie sehen.

Der gesellschaftliche Zusammenhang

Führen findet immer im gesellschaftlichen Zusammenhang statt und wird von diesem beeinflusst. „Jede Zeit lebt bewusst oder unbewusst von dem, was die ‚Denker‘, unter deren Einfluss sie steht, hervorgebracht haben“, das wusste schon Albert Schweitzer.

So handeln auch Führungskräfte immer im Geiste ihrer Zeit. „Was ist nun der Geist unserer Zeit?“, werden Sie fragen. Die fortschreitende Globalisierung lässt erkennen, dass sich der gesellschaftliche und politische Rahmen nicht nur in den westlichen Industrieländern, sondern auch in Fernost permanent verändert. Weder erinnert das Japan von heute an das Japan von gestern noch ist das „alte China“ erkennbar, wenn man die modernen Großstädte an der Küste des Landes – etwa Shanghai – besucht. Es gibt einen vorherrschenden Trend und einen oder mehrere Gegentrends, woraus sich viele Widersprüche ergeben.

Den vorherrschenden Trend könnte man mit den folgenden für unseren Zusammenhang wichtigsten Werthaltungen grob so beschreiben:

- Das Kapital (Shareholder-Interesse) ist wichtiger als der Mensch.
- Quantität geht vor Qualität.
- Analyse ersetzt Synthese, der Blick für das Ganze geht mehr und mehr verloren.
- Wettbewerb überwiegt Kooperation.
- (Unbeschränktes)Wachstum ist zum Fetisch geworden, wird nicht hinterfragt.
- Wirtschaftliches Handeln ist auf kurzfristige Erfolge ausgerichtet.

Auch einige Gegentrends sollen kurz erwähnt werden:

- Junge Menschen verweigern die Eingliederung in den Arbeitsprozess, werden „Aussteiger“, bevor sie eingestiegen sind.
- In Supermärkten achtet man zunehmend auf Qualität.

- Religionen und Gruppierungen westlichen und östlichen Ursprungs gewinnen Anhänger .
- Vertikale Kooperationen vom Rohstoff zum Fertigprodukt (wie das „Supply Chain Management") werden vermehrt angestrebt.
- Wirtschaftsbosse diskutieren in privaten Kreisen die Konsequenzen des „Wachstumsparadigmas".
- Firmen, die „alt" werden wollen, wissen um den Schwachsinn der kurzfristigen Ausrichtung und denken durchaus in Dekaden.

Was genau sind die besonderen Probleme, die Führungskräfte im Spannungsverhältnis zwischen Trends und Gegentrends zu erwarten haben? Was macht „Führen" angesichts des Zeitgeists besonders schwierig? Und gibt es Lösungswege?

Globalisierung

Mit der Öffnung des Eisernen Vorhangs, der den „kapitalistischen Westen" vom „kommunistischen Osten" für Jahrzehnte getrennt hatte, wurde die ganze Welt zum Markt. Von den zahlreichen Bücher, die sich diesem Phänomen gewidmet haben, befürworten viele diese Entwicklung. Man verspricht sich bessere Lebensbedingungen sowohl für die Industrieländer als auch für die Länder, die sich in Entwicklung befinden. Es gibt aber auch eine ganze Reihe von Autoren, welche die negativen Folgen der Globalisierung höher einschätzen als ihre Vorteile.
Wieder resultieren die unterschiedlichen Positionen hauptsächlich aus dem jeweiligen Welt- und Gesellschaftsbild des Betrachters.

Stichworte zum Thema Globalisierung und ihre Auswirkung auf die Arbeit der Führungskräfte

Tempo, Wandel, Kostendruck, Personalabbau, Outsourcing, Perspektiven, Kooperationen, Übernahmen, Berufsqualifikation

Es ergibt sich folgende Wirkungskette: Erhöhter Wettbewerb – Kostendruck – Abwandern in Billiglohnländer. Sie stellt überall ganz spezifische Herausforderungen an das Management.

Zusammen mit der Internettechnologie hat das *Tempo* in den Betrieben stark zugenommen. Der *Wandel* ist zur ständigen Herausforderung geworden. Erholung ist im Großen und Ganzen nicht mehr vorgesehen, es gibt kaum Ruhepausen für Unternehmen (und ihre Mitglieder), die an der Front der Globalisierung stehen. Die Themen Stressprophylaxe, „stressverursachte" Erkrankungen und Burnout werden weiter an Bedeutung gewinnen. Da es sich bei der Globalisierung um einen dynamischen Prozess handelt, gibt es Unternehmen, die schon sehr stark mit ihren Folgen konfrontiert sind – ihnen kommt Pionierfunktion zu –, und Unternehmen, die den Wind der Veränderung noch wenig verspüren.

Der gesteigerte *Kostendruck* führt immer wieder zu absurden Gegenmaßnahmen. In manchen Unternehmen reduziert man einfach die „Köpfe" (ohne zu berücksichtigen, was in den „Köpfen" drin ist) und bekommt diesen Aderlass bald zu spüren. Oft sind es die älteren, d.h. die teureren Mitarbeiter, von denen man sich trennt – und damit auch von deren Erfahrung und Knowhow. Häufig müssen dann jüngere Nachfolger die Aufgaben übernehmen, was manches Mal unlösbar erscheint. Dennoch verstärkt sich dieser Trend in den letzten Jahren. Lösungsansätze für eben diese Nachfolger finden sich in diesem Buch vor allem in den Kapiteln „Motivation" und „Stress".

Andere Unternehmen setzen sich zum Ziel, in zwei Jahren ihre Gesamtkosten zu halbieren oder jedes Jahr 20 Prozent davon einzusparen, um konkurrenzfähig – meist mit den Ländern im Fernen Osten – zu bleiben. Wieder andere reduzieren die hierarchischen Stufen, machen ihre Organisationspyramide flacher und hoffen, auf diese Weise Kosten einsparen zu können.

Manche Firmen suchen im *Outsourcing* ihr Heil. Man stellt sich die Frage: „Make or buy?" Betriebsteile werden ausgelagert, womit man meistens Einsparungen erzielt. Dass sich damit die Unternehmenskultur in eine nicht gewünschte Richtung verändern kann, wird selten berücksichtigt.

Während des Verlaufs und am Ende all dieser Maßnahmen fehlt oft eine Zukunftsperspektive. Damit „gewinnt" man eine wenig motivierte, sehr oft sogar eine regelrecht demotivierte Mannschaft, mit der man dann im verschärften Wettbewerb bestehen soll. Symptomatisch hierfür ist der Ausspruch einer 45-jährigen Führungskraft: „Die restlichen 15 Jahre biege ich schon noch herunter!"

Wir sehen allerdings gleichzeitig, dass die Zahl der internationalen Kooperationen oder Firmenübernahmen im Zuge der Globalisierung stark zunimmt.

Robert Reich, Harvard-Professor und während der Regierungszeit von Präsident Clinton US-amerikanischer Minister für Arbeit, beschreibt diese neuen Formen der Kooperation am Beispiel des Mazda-Konzerns folgendermaßen:

> „Der neueste Sportwagen hat in Kalifornien sein Design erhalten, in Tokyo und New York ist das Projekt finanziert worden, in Worthing (England) ist der Prototyp entstanden und in Michigan (USA) und Mexiko wird der Wagen produziert – wobei modernste elektronische Komponenten zur Anwendung kamen, die in New Jersey entwickelt und in Japan gefertigt wurden."

Robert Reich kommt zu dem Schluss, dass es in naher Zukunft keine bedeutenden nationalen Unternehmen mehr geben wird, sondern nur noch internationale Konzerne. Die Berufsqualifikation („human factor") wird mehr und mehr für die Wertschöpfung in einem Land verantwortlich sein. Nicht zuletzt kommen die Mitarbeiter und die Geschäftspartner der globalisierten Unternehmen aus zunehmend unterschiedlichen Kulturkreisen, man denke nur an die Auswirkungen der Öffnung Europas und die Internationalisierung der Handelswege.

Was wird heute und in Zukunft von einer idealen „globalen Führungskraft" verlangt?

- Sie wird sich in den wichtigsten Weltmärkten – Europa, Nord- und Südamerika und Asien – auskennen und über deren Geschichte, Wirtschaft, Kultur und Sprache Bescheid wissen müssen.
- Sie wird „kultur-tolerant" sein müssen, d.h., sie muss davon überzeugt sein, dass keine Kultur den Anspruch erheben kann, besser oder schlechter zu sein als eine andere. Vielmehr wird sie Kulturen als verschiedene, aber gleichwertige Manifestationen derselben menschlichen Basiserfahrungen verstehen.
- Sie wird anpassungsfähig und stabil gleichzeitig sein müssen. Sie muss fähig sein, sich in verschiedenen „Umwelten" zurechtzufinden, und sollte sich gleichzeitig der Wurzeln des eigenen kulturellen Erbes bewusst sein. Diese flexible und gleichzeitig feste Persönlichkeit muss auf die sich ständig ändernden äußeren Bedingungen mit kreativen Lösungen reagieren.
- Sie wird sensibel und empathisch sein müssen. Sie wird verbale und auch nonverbale Äußerungen im Umgang mit Menschen anderer Kulturen erspüren und sie nicht wertend als Unterschiede zur Kenntnis nehmen und berücksichtigen. Und sie wird emotional intelligent sein müssen.

- Sie wird ein Identitätsbewusstsein haben müssen, d.h., sie muss wissen, woher sie kommt und wer sie ist. So kann sie Erlebnisse und Kenntnisse der unterschiedlichen Kulturen bewusst als Impuls und Aufruf erleben, die eigenen Werte und Verhaltensweisen überprüfen und gegebenenfalls auch verändern.
- Sie wird sich als Weltbürger verstehen und sich dieser Welt auch umfassend verpflichtet fühlen – verpflichtet in dem Sinne, dass ihr bewusst ist, dass nicht nur die globalen Bedrohungen wie Atomkrieg und Umweltzerstörung Engagement verlangen. Der verantwortlich verpflichtete Weltbürger wird aktiv an der Verbesserung der Lebenschancen der Mitbürger mit schlechter Ausgangslage mitwirken und diese ethische Haltung mit unternehmerischem Handeln integrieren.

Zugegeben, diese Anforderungen sind Ideal-Formulierungen. Sie können aber bei anstehenden Besetzungen von interkulturell sensiblen Führungspositionen Orientierungshilfe sein.

Globalisierung – ein Fazit

- Stress ist das am häufigsten verwendete Wort der Führungskräfte geworden, oft erleben sie Identitätsverlust und Fremdbestimmung.
- Aktive Lebensplanung wird unmöglich gemacht oder erschwert.
- Oft gerät in Vergessenheit, dass Wachstum nicht alles ist.
- Gleichzeitig könnte sich ein Bewusstsein entwickeln, dass alle Menschen miteinander verbunden und von einander abhängig sind! Diese sich verbunden fühlenden Menschen könnten zum Beispiel gemeinsam gegen die Bedrohungen des Klimawandels ankämpfen.
- Was nicht vorhersehbar ist, ist die Entwicklung der Gegentrends. Wenn diese Aufwind bekommen, bringt die Globalisierung möglicherweise auch positive Effekte.

Spezialisierung und Tempoverschärfung

Die Fülle des heute vorhandenen Wissens kann von einer Person nicht mehr bewältigt werden. Deshalb wird das Wissen der Mitarbeiter auf allen Hierarchieebenen für die Zielerreichung benötigt. Ein Handwerksmeister zu Beginn des vorigen Jahrhunderts hat grundsätzlich über mehr Kenntnisse verfügt als etwa ein Geselle oder Lehrling. Heute sagt die Hierarchieebene über den Wissensfundus nichts mehr aus. Führungskräfte müssen sich auf das spezialisierte Wissen ihrer Mitarbeiter verlassen, ja, sie sind häufig sogar davon abhängig. Die Führungskraft kann nicht mehr über alles Bescheid wissen. Das zu erkennen und auch einzugestehen fällt vielen schwer.

Auch in Bezug auf das Innovationstempo hat sich einiges geändert. Am besten wird das Tempo, in dem sich Wirtschaften und Führen in den westlichen Industriegesellschaften heute abspielt, durch folgende Übersicht verdeutlich:

Epoche	Dauer	Zahl der Innovationen
Chr. Geburt bis 1900	1900 Jahre	eine angenommene Menge an Innovationen
1900 bis 1985	85 Jahre	die gleiche Menge an technischen Neuerungen
1985 bis 2000	15 Jahre	die gleiche Menge an technischen Neuerungen

Auffällig ist vor allem eines: Im Laufe der Jahre bleibt den Menschen immer weniger Zeit, sich an eine stetig steigende Anzahl von technischen Neuerungen zu gewöhnen. Denken Sie nur an die rasche Verbreitung des Personalcomputers, des Mobiltelefons und des Internet in einer Zeitspanne von nur 15 Jahren!

Fazit: Das Wissen – auch der Führungskraft – veraltet schnell. Ruhepausen zwischen den Veränderungen werden selten. Dauerstress ist oft die Folge, der sich leicht zum Burnout entwickeln kann.

Wertewandel: Vom Pflichtbewusstsein zum „Job"

Regelmäßig ermittelt die empirische Sozialforschung den Wandel gesellschaftlicher Werte. Ein Ergebnis ist, dass die Orientierung an Pflicht- und Akzeptanzwerten (wie Disziplin, Gehorsam, Fleiß, Arbeit gleich Lebensinhalt) zurückgegangen ist, während die an Selbstentfaltungswerten (Emanzipation von Autoritäten, Partizipation, Abenteuer etc.) einen Anstieg erlebte.

Desgleichen sind in den letzten 30 Jahren postmaterialistische Arbeitsmotive (Spaß an der Arbeit, persönliche Entwicklung, Emanzipation u.a.) angestiegen, materialistische (Wohlstand, Pflichterfüllung, Gehorsam etc.) dagegen abgesunken.

Die Führungskraft steht häufig im Konflikt zwischen den materialistischen Unternehmenszielen und den eigenen Lebenszielen sowie den Lebenszielen ihrer Mitarbeiter.

Für börsennotierte Unternehmen besteht ein weiterer von Führungskräften zu beachtender Faktor in dem Zwang zu immer kurzfristigerer (und kurzlebigerer) Darstellung von „Erfolg". Die mehr oder weniger willkürliche Bestandsaufnahme zu jedem Quartalsende, gelegentlich sogar zu jedem Monatsende, lässt häufig die langfristigen Zielsetzungen unberücksichtigt, sieht nicht das Ganze, sondern konzentriert sich auf Teile des Unternehmens, die medienwirksam als „Erfolg" dargestellt werden können. Damit will man Investoren günstig stimmen und eine positive Kursentwicklung an der Börse erreichen. Doch langfristige Vorhaben, zum Beispiel Investitionen in Forschung und Entwicklung, Bildungsinvestitionen in Führungskräfte und Mitarbeiter, oder längerfristige Maßnahmen, die der Entwicklung der Unternehmenskultur dienen, leiden unter dieser Tempoverschärfung. Gerade diese Maßnahmen sind auf den Bestand des Unternehmens ausgerichtet, werden aber durch die kurze Sichtspanne nicht gefördert, sondern geradezu verhindert. So weigert sich Porsche wohl aus gutem Grund, Vierteljahresberichte zu veröffentlichen.

Führungskräfte erleben den Zwang, entweder das langfristig Richtige oder das kurzfristig „Erfolgreiche" zu tun, als konfliktträchtige Zwickmühle. Da ihr Einkommen aber häufig an das kurzfristig Erfolgreiche geknüpft ist, treffen sie oft zwar verständliche, aber in den langfristigen Konsequenzen für das Unternehmen sich negativ auswirkende Entscheidungen.

Organisationen im Wandel

Führen findet meist in einem organisatorischen Rahmen, dem Unternehmen, statt. Dieser Rahmen mit seiner Struktur und seiner Kultur bildet oft eine Orientierungshilfe für die Führungskräfte. Andererseits kann aber auch unerwünschter und belastender Druck, sich konform zu verhalten, vom Unternehmen ausgehen. Die Organisationsformen ändern sich zudem laufend mit dem gesellschaftlichen Umfeld, wie weiter oben beschrieben.

Drei Organisationsprinzipien

Um die angestrebten Ziele zu erreichen, stehen die folgenden grundsätzlichen Organisationsrahmen zur Verfügung:

1. Ziele sollen mit Gewalt herbeigeführt werden

Dazu sind eine starke Positionsmacht der Führenden und ein mächtiger Unterdrückungsapparat erforderlich – beides ist beispielsweise in Diktaturen gegeben. Ein Spitzelwesen stellt sicher, dass abweichende Systemgegner früh erkannt werden und sich keine Gegenmacht entwickeln kann. Dem „charismatischen" Führer (als Beispiele werden etwa Napoleon, Hitler, Stalin oder Saddam Hussein genannt) schreibt man die „göttliche Gnadengabe" (Charisma) zu, die den Anhängern ein breites Feld an Identifikation und Projektion ermöglicht. Massenveranstaltungen mit gezielter Massensuggestion sind typisch für diese Form der Herrschaft zur Stützung des Regimes.

In Unternehmen der westlichen Industrieländer wird man diese Form in ihrer extremen Ausprägung kaum finden, weil der politische Rahmen ein anderer ist. Im Zuge der Globalisierung hat man es aber oft mit solchen Firmen in anderen Kulturkreisen zu tun.

2. Ziele sollen durch Regeln und Vorschriften erreicht werden

Dieser Denkansatz spiegelt das klassische Verständnis von Organisationen. Der Soziologe Max Weber nannte diese Form Bürokratie. Zahllose bürokratische Unternehmen sind Beweise dafür, dass Zielerreichung auf diese Weise möglich ist. Sie beweisen meistens gleichzeitig, dass diese Organisationsform wenig effizient und für marktorientierte Unternehmen heutzutage existenzbedrohend sein kann. Diese von Weber als „ideale" Organisation bezeichnete Bürokratie zeichnet sich durch eine streng definierte Hierarchie aus. Weber baut sein Bürokratiemodell auf der technischen Kompetenz der Mitglieder auf. Die Abläufe (oder Prozesse) sind rational durchdacht und genauestens festgelegt. Der „menschliche Faktor" – wie Emotionen – bleibt weitgehend außer Acht.

Die Bürokratie erfährt vielfältige Kritik von mehreren Seiten: So heißt es, sie passe sich an geänderte Rahmenbedingungen nur sehr langsam an. Ein weiterer häufig beobachteter negativer Effekt besteht darin, dass Führungskräfte in Bürokratien sich häufig mehr um ihre eigene Position und die Verteidigung ihrer Autorität bemühen als um die Ziele des Unternehmens.

In bürokratischen Unternehmen findet Führung in sehr eingeschränkter Form als Administration statt. Die Gestaltungsfreiheit der Führungskräfte ist gering, ihr Potenzial und das ihrer Mitarbeiter bleibt oft ungefördert und ungefordert. Nicht Motivation, sondern Regeln und Vorschriften für die „ideale Organisationsform" sollen dafür sorgen, dass die Unternehmensziele erreicht werden.

Einige Vertreter des neoklassischen Verständnisses von Organisationen wie Douglas McGregor, Rensis Likert und Chris Argyris sehen zwar eine intensive Beteiligung der Mitarbeiter bzw. Arbeitsgruppen (Teams) am Entscheidungsprozess vor, halten aber an der Fiktion, dass es einen „besten Weg" und die ideale Organisationsform gibt, fest.

3. Ziele sollen durch das Prinzip der Zusammenarbeit erreicht werden

Die zukunftsorientierte Weiterentwicklung besteht im Modell der „sich selbst organisierenden Systeme" (SOS). Dieser Ansatz geht von der Fähigkeit der Organisationsmitglieder zu weitgehender Selbstorganisation aus, schreibt ihnen mithin einen hohen Reifegrad zu und vertritt die Meinung, dass immer mehrere „richtige" Wege zum Unternehmensziel führen, es demnach keinen „besten Weg" gibt.

Fazit: Die drei hier idealtypisch beschriebenen Organisationsformen gibt es in ihrer reinen Form nur selten. So müssen Unternehmen, die sich dem Prinzip der Zusammenarbeit verschrieben haben, durchaus immer wieder gegen die scheinbar von selbst wachsende Bürokratie vorgehen („Bürokratien blasen sich schneller auf als so mancher Airbag!"). Auch Bürokratien kommen – oft begrenzt auf Abteilungen – ohne Zusammenarbeit nicht aus. Die ersten Gehversuche mit „sich selbst organisierenden Systemen" werden seit wenigen Jahrzehnten mit unterschiedlichem Erfolg von teamorientierten Organisationen gemacht (zum Beispiel von einigen Beratungsunternehmen, Volvo, GE, GM in Georgia). Selbstorganisation ist anspruchsvoll, die Liste der möglichen „Fallen" ist lang, sie ist daher nicht für jedes Unternehmen geeignet, aber wo sie funktioniert, ist der Erfolg groß.

Die Führungsstile

Entsprechend den Überlegungen, welche der beschriebenen Organisations-
formen am besten geeignet sei, die Unternehmensziele zu erreichen, sind
auch die verschiedenen Führungsstile (Managementstile) zu unterscheiden.
Die verschiedenen Führungsstile unterscheiden sich vor allem durch die
Verteilung der Entscheidungsmacht und des Einflusses. Liegt die ganze
Entscheidungsmacht beim „Vorgesetzten", so spricht man vom autoritären
Führungsstil, liegt der Einflussschwerpunkt mehr bei den Mitarbeitern
(Teammitgliedern), bezeichnet man den Führungsstil als kooperativ oder
partizipativ. „Autoritär" und „kooperativ" bezeichnen die zwei theoretischen
Extrempunkte auf einem Kontinuum. Praktisch wird man Mischformen mit
Aspekten von beiden in verschiedener Ausprägung vorfinden.
Dies ist im Diagramm dargestellt:

Führungsstile und Führungsverhalten

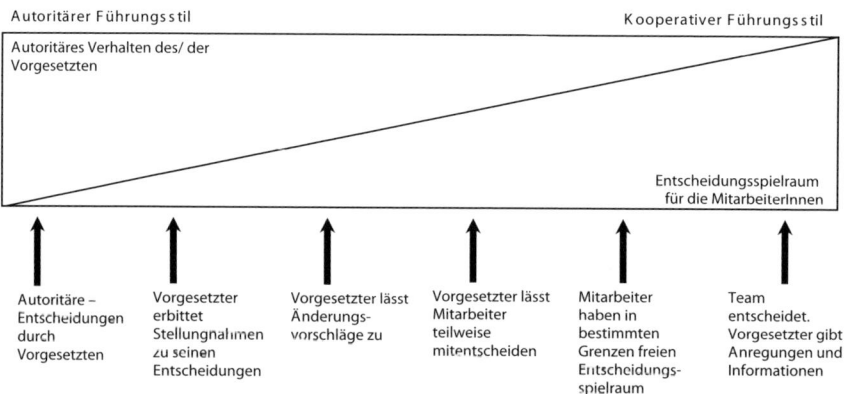

Kommen wir auf die oben beschriebenen Organisationsformen zurück, so
liegt nahe, dass Zielerreichung durch Gewalt (wie in Diktaturen) dem
autoritären Führungsstil entspricht. Sollen Ziele durch Zusammenarbeit
erreicht werden, so wird man den kooperativen Führungsstil wählen.
Es soll nicht unerwähnt bleiben, dass sich in allen Organisationsformen,
besonders in Bürokratien, ein dritter Führungsstil entwickeln kann, der sich

durch „Nichtführen" auszeichnet, weder den Organisationszielen dient noch den Mitarbeiterinteressen gerecht wird und als „Laissez-faire" bezeichnet wird. (Dieser Stil entspricht dem Typ 1,1 s. Seite 20).

Der richtige Führungsstil

Welche Einflussfaktoren bestimmen die Wahl des „richtigen" Führungsstils? Gibt es einen „idealen" Führungsstil?
Wenn auch die letztgültige Antwort darauf im Menschen- und Weltbild des Betrachters liegt, geben die nachfolgenden Überlegungen einige Hilfestellungen.

1. Ihre Positionsmacht: Zunächst ist die faktische Positionsmacht der Führungskraft zu erwähnen. Fehlt diese, ist autoritäre Führung gar nicht mehr möglich.
2. Der Reifegrad der Mitarbeiter – ein wichtiger, sehr oft übersehener, Faktor ist der Reifegrad der geführten Mitarbeiter. Unter Reifegrad ist zu verstehen, inwieweit jemand
   - mit Freiheit verantwortlich umzugehen versteht,
   - von innen arbeitsmotiviert ist,
   - auch persönlich lern- und entwicklungsbereit ist,
   - nach einem ethischen Standard handelt, sich also verlässlich und vorhersagbar verhält.
   Wenn Ihre Mitarbeiter nach dieser Beschreibung „unreif" sind, wird ein extrem kooperativer Führungsstil eher nicht die gewünschten Ziele erreichen. Wenn Sie sich dann für einen autoritäreren Stil entscheiden, so ist zu beachten, dass Sie als Führungskraft die Aufgabe haben, diese unreifen Mitarbeiter in Richtung Reife zu entwickeln. In dem Ausmaß, in dem Ihnen das gelingt, werden Sie mehr und mehr den kooperativen Führungsstil anwenden können.
3. Die Aufgabenstellung – zuletzt ist noch die Aufgabenstellung als Einflussfaktor auf den Führungsstil zu erwähnen. Je komplexer die Aufgabe, je mehr Lösungswege denkbar sind, umso eher wird der kooperative Führungsstil dem autoritären überlegen sein, jedoch nur unter der Voraussetzung, dass es sich bei Ihren Mitarbeitern um reife Personen handelt.

Die folgende Grafik soll die Beziehung zwischen Führungsstil und Reifegrad der Mitarbeiter darstellen:

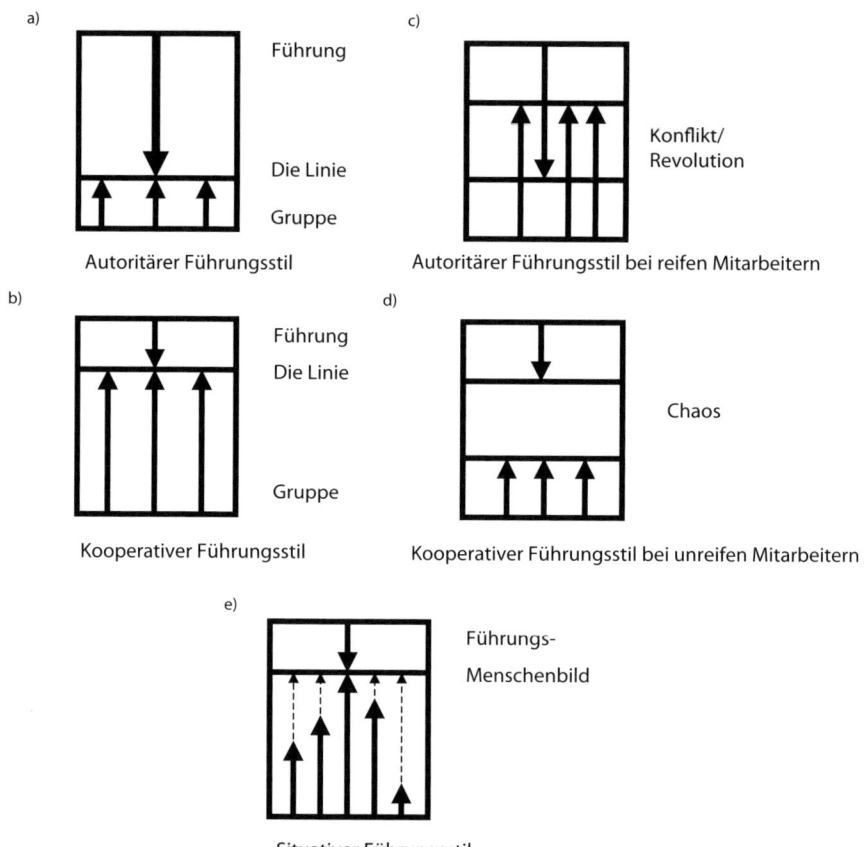

a)

Führung

Die Linie

Gruppe

Autoritärer Führungsstil

b)

Führung
Die Linie

Gruppe

Kooperativer Führungsstil

c)

Konflikt/
Revolution

Autoritärer Führungsstil bei reifen Mitarbeitern

d)

Chaos

Kooperativer Führungsstil bei unreifen Mitarbeitern

e)

Führungs-
Menschenbild

Situativer Führungsstil

Führungsstil, Menschenbild und Positionierung

Viele Führungskräfte ziehen aufgrund ihres Menschenbildes, das sich im Laufe ihres Lebens entwickelt hat, meist einen bestimmten Führungsstil vor. Douglas McGregor beschreibt zwei extreme Positionen von Annahmen darüber, was denn die Natur des Menschen sei. Er nennt sie Theorie X und

Theorie Y. Als Hilfe für Ihre eigene Positionierung und das bessere Verständnis Ihres Arbeitsumfeldes seien die beiden kurz zusammengefasst. Die traditionell gefasste Theorie X geht von folgenden Annahmen über die menschliche Natur aus:

- Menschen sind von Natur aus faul, drücken sich vor Arbeit, betrachten Arbeit nur als Instrument zum Überleben.
- Die meisten Menschen wollen gelenkt und geleitet werden.
- Die meisten Menschen wollen keine Verantwortung übernehmen.
- Damit die Unternehmensziele erreicht werden, muss man den Menschen klare Anweisungen geben, sie kontrollieren und Strafen androhen.
- Führungskräfte müssen streng und autoritär sein, damit „Untergebene" arbeiten.

Die optimistischere Theorie Y beruht auf folgenden Annahmen über die menschliche Natur:

- Es ist natürlich, dass Menschen ihre physischen und geistigen Fähigkeiten bei der Arbeit einsetzen – so natürlich wie spielen und ausruhen.
- Menschen können sich selbst Ziele setzen, wenn sich die Erreichung für sie als „lohnend" darstellt.
- Die meisten Menschen haben die Fähigkeit, Verantwortung zu übernehmen, ja, sie suchen sie geradezu und widmen sich mit ihrem Verstand und ihrer Kreativität den Problemen ihres Unternehmens.
- Die meisten Menschen wollen arbeiten und unter den richtigen Umständen beziehen sie aus der Arbeit auch Befriedigung.

Wenn Ihnen die Theorie X eher entspricht, wird Ihnen wahrscheinlich der autoritäre Führungsstil mehr liegen. Sollten die Annahmen der Theorie Y den ihren näher sein, so bevorzugen Sie wahrscheinlich den partizipativen (kooperativen) Führungsstil.
Wichtig: Auch wenn Sie persönlich einen der beiden Stile vorziehen, sind die Rahmenbedingungen (wie Organisationsform, Unternehmenskultur, Reifegrad der Mitarbeiter, Positionsmacht, gewünschte Managementkonzeption u.a.m.) zu beachten. Das bedeutet, dass der praktizierte Führungsstil der

konkreten Situation angepasst sein muss. Man spricht dann vom situativen Führungsstil.

Häufig findet man übrigens eine Unterscheidung zwischen „Führung" und „Leadership". Dabei bezieht sich Leadership meist auf Organisationen, die auf Selbstorganisation und Selbstregulation aufbauen.

Führen und Gruppenphänomene

Mittlerweile dürfte deutlich geworden sein, dass sich der richtige Führungsstil aus der Interaktion zwischen der Führungskraft, den Mitarbeitern, der Aufgabenstellung, der Organisationsstruktur und der Unternehmenskultur ergibt. Lange Zeit glaubte man, dass die persönlichen Eigenschaften der Führungskraft allein schon den Erfolg sichern (Eigenschaftstheorie). Persönlichkeitsprofile der „idealen" Führungskraft wurden erstellt. Immer wieder kann man aber erleben, wie hochgejubelte, mit Vorschusslorbeeren überhäufte Führungskräfte in einem neuen Unternehmen kläglich versagen. Es ist nicht so, dass die Persönlichkeit der Führungskraft bedeutungslos wäre, aber das soziale Umfeld spielt eine mindestens ebenso entscheidende Rolle. Daher sollen die Gruppenphänomene Zusammenhalt, Konformität (Autoritätsgehorsam) und Vertrauen näher betrachtet werden.

1. Zusammenhalt (Gruppenkohäsion)

Was macht aus Individuen eine arbeitsfähige Gruppe? Was hält Teams zusammen? Keine Person, keine Abteilung kann das Unternehmensziel allein erreichen. So gut wie jeder im Unternehmen hängt mit seiner Zielerreichung von einer anderen Person oder einer anderen Abteilung ab (Interdependenz).

Erinnern Sie sich an die zwei Hauptaufgaben der Führungskraft?

a) Die Unternehmensziele zu verfolgen (Zielfunktion)
b) Aus den Mitarbeitern ein zielorientiertes Team zu machen (Teamfunktion, Kohäsionsfunktion oder Mitarbeiterfunktion)

Als Führungskraft sind Sie Häuptling und Medizinmann.

Unter Gruppenkohäsion versteht man die Bindung an eine Gruppe. Was begründet oder verstärkt nun diese Bindung?

- Ein gemeinsames Ziel. Dieses kann durch Kooperation erreicht werden. Der Kommunikation des gemeinsamen Zieles kommt daher große Bedeutung bei der Gruppenkohäsion zu. „Wer seinen Kurs nicht kennt, dem weht nie ein günstiger Wind." (Seneca)
- Gemeinsame Sprache und ein ähnliches Wertsystem. Diese sind für die Gruppenbindung essenziell.
- Bedrohung von außen. Wenn in einem Unternehmen zum Beispiel immer die Produktion der Sündenbock ist, bewirkt das ein Zusammen-rücken der in der Produktion Beschäftigten.
- Erfolgserwartung. Jedes Gruppenmitglied erwartet sich aus dem Zusam-menschluss einen Erfolg, einen Vorteil, ein individuelles Ziel, das nur gemeinsam realisiert werden kann. Implizit oder explizit wird eine gegenseitige Bedürfnisbefriedigung angestrebt. Wenn die Gruppenmit-glieder diese nicht mehr wahrnehmen, beginnt die Gruppe zu zerfallen. (Es klingt einfach. Aber jeder Mitarbeiter stellt sich die Frage: „Was habe ich davon, wenn ich mich der Gruppe anschließe bzw. in ihr bleibe?")
- Rollenverteilung Eine formelle oder informelle Rollenverteilung fördert ebenso die Gruppenkohäsion.

2. Konformität (Autoritätsgehorsam)

Obwohl alle Menschen im Unternehmen einzigartige Persönlichkeiten sind, können sie in Teilen der Persönlichkeit wie Verhalten, Einstellung und Werthaltung übereinstimmen. Konformität kann am Beispiel der Kleider-mode anschaulich gezeigt werden. Wie kommt es, dass die neue Mode immer wieder auf große Akzeptanz stößt? Menschen vergleichen sich mit anderen, insbesondere in Gruppen, denen sie sich zugehörig fühlen (Bezugsgruppe). Bei Abweichung entsteht ein Druck zur Annäherung, welche die Gruppen-bindung unterstützt.

Ein Beispiel für diesen Konformitätsdruck ist die Nachgiebigkeit gegenüber „Autoritäten".

Ein umfangreiches Forschungsprojekt dazu wurde 1974 von Milgram durch-geführt und gut dokumentiert veröffentlicht. Seine Fragestellung war, ob und unter welchen Bedingungen Autoritätsgehorsam auftritt. In der Versuchsanordnung trat ein Versuchsleiter (Autoritätsfigur) auf, der den Probanden unter einer Reihe von verschiedenen Bedingungen unethische „Aufträge" gab – nämlich, einer Person simulierte Elektroschocks zu verabreichen. Wegen der Bedeutung der Ergebnisse (insbesondere für hierarchische Unternehmen und die Frage des Führungsstils) werden die Ergebnisse hier kurz zusammengefasst:

- Es trat ein hoher Grad an Autoritätsgehorsam auf.
- Die Autoritätsfigur hat Nachgiebigkeit gegenüber ihren Anweisungen erzeugt.
- Die schrittweise Steigerung der Gewalt erhöht die Bereitschaft zu weiterer Gewalt. (Derselbe Effekt tritt auch bei positiv sozialem Verhalten auf.)
- Räumliche Distanz enthemmt den Täter – räumliche Nähe löst Hemmmechanismen aus.

Für die praktische Anwendung im Unternehmen sind folgende Erkenntnisse bedeutsam: Hierarchisch organisierte und geführte Unternehmungen stellen klare Über- und Unterordnungen zwischen Vorgesetzten und Mitarbeitern her. Hier ist ein hoher Grad an Autoritätsgehorsam zu erwarten. Kreativität und rasches Reagieren auf geänderte Bedingungen bleiben meist auf der Strecke. Daher ist auf die Auswahl der Führungskräfte in Hinblick auf Einstellungen und Werthaltungen besonders zu achten.

Managementkonzeptionen

Die auf dem Markt erhältlichen Managementkonzeptionen sind unterschiedlich erfolgreich und ebenso vielfältig wie verwirrend. Außerdem haben sie nur eine kurze Lebensdauer.
Erinnern Sie sich noch an die Begriffe: Total Quality Management, Lean Management, Business Reengineering, Balanced Scorecard? Viele davon haben längst ein Begräbnis erster Klasse erhalten.
Bevor es um die wichtigste Managementkonzeption Management by Objectives (MbO) gehen soll, fällt unser Blick auf einige andere populäre Konzepte. Ihre Namen klingen vielleicht scherzhaft, sie werden aber immer wieder

beobachtet und können eventuell als Negativbeispiele Denkanstöße bieten. Jeder in einem Unternehmen Tätige hat wohl schon Variationen davon erlebt.

- Management by Numbers (Führen nach Zahlen)
  Hier werden nicht so sehr Mitarbeiter durch Führung beeinflusst, sondern die Zahlen sollen die Mitarbeiter steuern. Dieses Konzept erfreut sich immer größerer Beliebtheit in den Industrieländern. Sogar tägliche Ziele in Form von Zahlenvorgaben sind heute nicht mehr ungewöhnlich. Hier bleibt das Potenzial der Mitarbeiter ungenutzt und Frustration ist zwangsläufig.
- Management by Champignons (Führen nach der Champignon-Methode)
  Die Mitarbeiter stecken ihre Köpfe in den Sand, werden von Zeit zu Zeit mit Mist beworfen; die Köpfe, die aus dem Mist herausschauen, werden abgeschnitten. Kreativität und Engagement dürften hier wohl schon bald verkümmert sein. Ein solcher Stil wird oft in autoritären Unternehmen beobachtet.
- Management by Wild West (Führen wie im Wilden Westen)
  Man schießt Löcher in die Wand und hängt hinterher die Zielscheiben auf. Jedenfalls ist die Rate der Zielerreichung dabei groß! Die Orientierungslosigkeit der Mitarbeiter ist es auch. Ein Zickzackkurs kann die Folge sein. Auch wertvolle Mitarbeiter (Leistungsträger) leiden darunter, suchen das Weite oder reduzieren ihren Einsatz. Diese Methode kommt oft nach Firmenübernahmen zum Einsatz.
- Management by Blue Jeans
  An allen wichtigen Stellen sitzen Nieten. Das kann die Folge von einem nur nach Köpfen vorgenommenen Personalabbau sein, bei dem Qualifikation keine Rolle spielte. Frustration macht sich breit.
- Management by „last book read"(Führen nach dem zuletzt gelesenen Buch)
  Die Führungskraft führt nach dem zuletzt gelesenen Buch. Der Erfolg hängt nicht nur von der Lesefreudigkeit der Führungskraft ab, sondern auch vom Inhalt der Bücher! Oft ist dies eine Folge mangelnder Unternehmenskultur und Schulung.

- Management by Helicopter (Führen nach dem Hubschrauberprinzip)
  Landen, viel Staub aufwirbeln und schnell wieder abheben, heißt die
  Devise. Hier wird auf die oft sehr kurze Verweildauer von Führungs-
  kräften in ihren Jobs angespielt. Jaques Welch, der Langzeit-Generaldi-
  rektor von General Electric, meint in seinen Memoiren, dass man die
  Leistung einer Führungskraft erst nach Jahren beurteilen kann. Er
  vergleicht die Führung mit der Steuerung eines Hochseedampfers und
  spricht damit die Trägheit des sozialen Systems „Unternehmen" an.
  Maßnahmen von heute greifen erst nach „Kilometern".
- Management by Rumpelstilzchen
  Das Ziel heißt, Stroh zu Gold zu spinnen, wobei den Organisationsmit-
  gliedern große Freiheit eingeräumt wird. Wie Führungskräfte und Mitarbeiter es bewerkstelligen, zum Ziel zu kommen, bleibt ihnen überlassen.
  Vielfach beobachtete Praxis ist, dass unrealistische Traumziele definiert
  und gleichzeitig die benötigten Ressourcen (Finanz- und Humankapital)
  eingeschränkt werden.
- Management by Exceptions (Führen nach dem Ausnahmeprinzip)
  Die Führungskraft greift nur dann in die Arbeit der Mitarbeiter ein,
  wenn eine Ausnahmesituation entstanden ist. Was als Ausnahmesituati-
  on zählt, wird vorher definiert. Meist handelt es sich um die Gefahr von
  Budgetüberschreitungen, Termingefährdungen oder andere die Zielerreichung gefährdende Ereignisse.
- Management by walking around (Führen durch Herumgehen)
  Dieses Führungskonzept wurde zum Beispiel von Sam Walton, dem
  Gründer und Eigentümer der größten Einzelhandelskette, Wal-Mart,
  praktiziert, als es dem Unternehmen finanziell sehr schlecht ging. Herr
  Walton erschien persönlich zu den verschiedensten Tageszeiten an
  möglichst vielen Arbeitsplätzen und fragte die dort arbeitenden Menschen: „Was kann ich tun, damit Sie produktiv arbeiten können?" Die
  gesammelten Antworten wurden in drei Kategorien sortiert: Was sofort
  erledigt wird, was innerhalb von sechs Monaten geplant ist und was nicht
  umgesetzt werden wird. Der Erfolg zeigte sich sehr bald in einem
  „Turnaround", der Abwärtstrend des Unternehmens wurde gestoppt, die
  Bilanzen wiesen bald wieder Gewinne aus. Ähnlich ging auch Lee
  Iacocca, der ehemaliger Chrysler-Chef, vor. Doch in Seminaren hört man

auch immer wieder, dass so manche Führungskräfte in größeren Unternehmen ihren Firmenchef noch nie zu Gesicht bekommen haben!

Management by Objectives (MbO) – Führen durch Zielvereinbarung

Dieses Managementkonzept soll aus zwei Gründen näher beschrieben werden. Erstens, weil es sehr weit verbreitet ist, auch in Abwandlungen oder in Teilen, und zweitens, weil es sehr erfolgreich sein kann, wenn gewisse Voraussetzungen, auf die wir noch eingehen werden, beachtet werden.
MbO wurde von dem in Österreich geborenen Peter Drucker bereits im Jahr 1954 entwickelt und in seinem Buch „The Practice of Management" genau beschrieben.

Die Grundidee

* MbO vertraut auf die motivierende Kraft von Zielen und auf die Fähigkeit der Mitarbeiter zur Selbstorganisation.
* MbO ist ein Set von mehr oder weniger formalen Verfahren und Gesprächen, das mit der individuellen Zielvereinbarung beginnt und sich bis zur individuellen Leistungsbeurteilung hin erstreckt.
* MbO ist eine Methode, die Anstrengungen sämtlicher Mitarbeiter auf das Unternehmensziel hin auszurichten.

Die Elemente

Wichtig ist zunächst die *Akzeptanz* des Programms im ganzen Unternehmen. Um MbO erfolgreich einzuführen, erfordert gerade dieser Punkt viel Zeit und große Anstrengung und ist Aufgabe des Top-Managements.
Des Weiteren bedarf es individueller *Zielvereinbarungen* auf allen Ebenen. Hierbei geht es darum, individuelle Motive oder Ziele für jeden Mitarbeiter mit den Unternehmenszielen zu verknüpfen. Partizipation ist dabei der Erfolgsfaktor. Sie werden sich fragen, ob es möglich ist, Einvernehmen herzustellen. Will nicht jeder Mitarbeiter Ziele haben, die so niedrig wie möglich und leicht erreichbar sind? Die Antwort liegt im Menschenbild der Führungskraft, wie sie oben unter der X- und Y-Theorie von McGregor beschrieben wurde. Eines ist in jedem Fall klar: Je näher Sie an ein Einverneh-

men herankommen, umso größer ist die Wahrscheinlichkeit, dass die Ziele auch tatsächlich erreicht werden. Peter Drucker, welcher der Theorie Y folgt, weist auf die Beteiligung der Mitarbeiter beim Zielfindungsprozess immer wieder besonders hin. Viele Forschungsergebnisse zeigen, dass die Wahrscheinlichkeit der Zielerreichung davon abhängt, wie stark die Mitarbeiter an der Zielsetzung mitgewirkt haben, ja, sie sich selbst gesetzt haben. Das bestätigen eigene Erfahrungen, wonach Mitarbeiter (ebenso wie Studierende) dazu neigen, sich selbst ambitioniertere Ziele zu stecken, als man ihnen zugemutet hätte. Wissen sie doch am besten selbst, zu welchen Leistungen sie bereit und in der Lage sind!

Eigenschaften der Ziele

Ziele sollen möglichst messbar, mindestens aber gut überprüfbar sein. „Steigern Sie die Kundenzufriedenheit" ist kein brauchbares Ziel. „Steigern Sie die Kundenzufriedenheit um zwei Prozentpunkte von x auf y" ist ein gutes Beispiel. Mitarbeiter sollen eine klare Vorstellung davon haben, was von ihnen erwartet wird.

Ziele sollen (mit einiger Anstrengung) erreichbar sein, d.h., sie sollten eine gewisse Herausforderung darstellen. Wie stark diese Herausforderung ist, liegt im Ergebnis der Einschätzung des Mitarbeiters durch die Führungskraft und der Selbsteinschätzung und Ehrlichkeit der Mitarbeiter.

Sobald die Zielvereinbarung abgeschlossen und das *Was* geklärt ist, erfreuen sich die Mitarbeiter weitgehender Autonomie, *wie* sie das Ziel erreichen wollen. Es ist dieser große Handlungsspielraum, der die Kreativität fördert.

Im MbO treffen sich Führungskräfte und Mitarbeiter periodisch, um den Fortschritt auf dem Weg zum Ziel festzustellen. Bei diesen Gesprächen (Reviews) werden auch etwaige Hindernisse und Probleme besprochen und gemeinsam gelöst, wobei es auch zu einer Abänderung der Ziele kommen kann. Hier ist zu beobachten, dass die Qualität des Feedbacks (siehe das Kapitel Kommunikation) über den positiven Effekt dieser Reviews entscheidet.

Fazit

Management by Objectives ist eine sehr wirksame, aber auch anspruchsvolle Methode. Die Führungskraft ist in den Zielsetzungs- und Feedbackgesprächen in erster Linie als Mensch gefordert, als Spezialist für Menschen.

Authentizität (Echtheit) und mitfühlendes Verstehen (Empathie) fördert ein positives Arbeitsklima und ist eher geeignet, die Stärken der Mitarbeiter zu sehen und sie auch dort einzusetzen, wo sie sie anwenden und zeigen können. Es muss erwähnt werden, dass eine Anzahl von Unternehmen an die Leistungsbeurteilung im Rahmen von MbO Formen von Anreizzahlungen oder leistungsbezogenen Entgelten knüpft. Mit solchen Entlohnungs- und Belohnungssystemen will man das individuelle und das Gruppenverhalten so beeinflussen, dass die Unternehmensstrategie unterstützt wird. Damit ein solches System mehr Nutzen als Schaden bringt, ist größte Sensibilität in der Analysephase und breiter Konsens vor der Beschlussphase notwendig.

Empfehlung: Erwischen Sie Ihre Mitarbeiter dabei, wie sie etwas richtig machen!

Hilfen für Führungskräfte

Die drängenden Probleme der Führungskräfte lassen sich oft so zusammenfassen:

- Menschliche Fragen: Ist der Balanceakt zwischen Familie und Beruf zu meistern? Wie kann ich mit Dauerstress umgehen und Signale eines bevorstehenden „Burnout" erkennen? Wie kann ich Führungsstärke entwickeln? Wie und in welchen Bereichen kann ich mich selbst weiterentwickeln? Wie gehe ich mit einem notwendigen Personalabbau um? Habe ich selbst eine Zukunft in dem Unternehmen und wie könnte die aussehen?
- Ständiger Umgang mit Veränderungen: Wie kann ich in den ständigen Veränderungsprozessen Erfolg haben? Wie kann ich die treibenden und die bremsenden Kräfte erkennen? Wie gehe ich mit dem „normalen" Widerstand gegenüber Veränderungen um? Wie kann ich die Motivation während Veränderungsprozessen erhalten? Wie kann ich die „Besten" behalten?
- ... und wo bleibt meine Seele?

Diese Themen können in den meisten Fällen weder im Kollegenkreis noch in der Familie oder im Freundeskreis ausreichend besprochen und damit einer

Lösung nähergebracht werden, weil meistens eine der folgenden Voraussetzungen beim Gesprächspartner fehlt:

- Vertrauen, Unabhängigkeit oder Neutralität
- Persönliches oder fachliches Einfühlungsvermögen
- Professionelle Lösungskompetenz

Eine Hilfe in diesem Bereich der persönlichen Entwicklung bietet das
Coaching für Führungskräfte, das im Folgenden in seinen Grundprinzipien
dargestellt wird:

Coaching

Mit Coaching wird versucht, ein aus dem Sport bekanntes hilfreiches
Instrument zur Steigerung der Leistungsfähigkeit von Führungskräften und
Mitarbeitern zu nutzen.
Wer besser werden will, braucht Anregungen und Übung. Wir brauchen
auch einen Spiegel, der uns aufzeigt, wie wir uns verhalten und welche Fehler
wir unbemerkt machen.
In der Führungspraxis ist unter Coaching die umfassende Beratung und
Betreuung einer Person zu verstehen. Diese Aufgabe kann von internen
Coachs wahrgenommen werden – manche Führungskräfte entwickeln sich
dazu – oder von externen Coachs durchgeführt werden.
Wann wird man die Hilfe eines externen Coach in Anspruch nehmen?

- Wenn fachliche und/oder menschliche Fähigkeiten erforderlich sind, die
  intern nicht verfügbar sind.
- Wenn die hierarchische Stellung des „Coachee" (oder Gecoachten)
  keinen adäquaten internen Gesprächspartner zulässt.
- Wenn es beim Coachingprozess um die Wahrung der Privat- oder
  Intimsphäre geht.

Der Coach ist Partner – auch guter Freund – der hilft, mit Leistungsdruck,
Frustration und Ängsten (zum Beispiel vor Versagen) umzugehen. In den
Betreuungsgesprächen werden sowohl Probleme aus dem Beruf als auch aus
dem Privatbereich behandelt.

Worauf ist bei der Auswahl eines Coach zu achten?

- Der Coach braucht Selbsterfahrung und Lebenserfahrung.
- Der Coach muss das Umfeld des „Coachees" (oder Gecoachten) gut kennen.
- Der Coach braucht Einfühlungsvermögen in die Welt des Gecoachten.
- Emotionale Stabilität und soziale Intelligenz sind für das Ertragen von Spannungen, die sich aus den oft im Widerspruch zueinander stehenden Erwartungen des Unternehmens, des Gecoachten und dem Selbstverständnis des Coach ergeben, Voraussetzung.
- Da sich die Ergebnisse eines erfolgreichen Coachingprozesses oft erst nach längerer Zeit einstellen, sind Geduld und Mut, die heiklen Dinge anzusprechen, hilfreich.
- Zuhören können klingt selbstverständlich, ist es leider nicht.

Was Coaching nicht ist:

- Coaching ist nicht Psychotherapie!
- Coaching kann nicht die formale Führungskräfte-Ausbildung ersetzen, eignet sich aber sehr gut dazu, Seminarinhalte dann individuell oder als Gruppencoaching zu vertiefen und auf das Unternehmen anzupassen.
- Coaching ist kein Lehrer-Schüler-Verhältnis.

Was Coaching sein soll:

- Coaching ist eine gemeinsame Suche nach Lösungspotenzialen im Gecoachten (Hilfe zur Selbsthilfe).
- Coaching bietet Unterstützung, alte Menschen- und Weltbilder durch neue abzulösen.
- Coaching ist ein Reflexionsprozess, der die Persönlichkeit und rollenspezifische Fähigkeiten entwickelt.

Unserer Einschätzung nach wird Coaching parallel zum permanenten Wandel weiter an Bedeutung gewinnen. Es ist eine direkte Unterstützung, wenn es darum geht, neue Herausforderungen zu bewältigen. Allerdings wären Ausbildungsstandards hilfreich, damit Führungskräfte bei der Auswahl der Coachs sicherer sein können, wen sie einkaufen.

Exkurs: Die Frau als Führungskraft

Längst hat sich die Diskussion über die Frau als Führungskraft gewandelt. Die Frage, ob Frauen als Führungskräfte geeignet sind, kommt so gut wie nicht mehr vor. Es hat sich herumgesprochen, dass Frauen weder zu dumm, noch zu schlecht ausgebildet noch „von Natur" aus für Führungsaufgaben ungeeignet sind. Frauen sind in allen Führungsebenen im Vormarsch. In vielen Studienrichtungen stellen sie die Mehrheit der Absolventen, in manchen Branchen sind bis zu 70 Prozent Frauen als Unternehmerinnen vertreten. Die Vorstandsebene ist allerdings nach wie vor fast ausschließlich Männern vorbehalten.

Dass sie Teilzeit bevorzugen, weniger Mut zur Macht haben, an sich zweifeln und noch immer schlechter bezahlt werden, stimmt meistenteils; doch sind diese Themen bekannt und werden angepackt.

Gesellschaftspolitisch relevant scheint uns die Erkenntnis, dass familiäre Verpflichtungen sowohl vom Mann als auch von der Frau als Karrierehemmer angesehen werden. Die Folge: verbreitete Kinderlosigkeit bei den Akademikerinnen und eine niedrige Fertilitätsrate.

Zusammenfassung des Kapitels „Führung"

Häuptling und Medizinmann

Führen heißt Ziele erreichen mit Menschen! Eine Führungskraft hat sowohl eine Zielfunktion als auch eine Mitarbeiterfunktion. Bei Naturvölkern werden diese beiden Funktionen auf Häuptling und Medizinmann aufgeteilt. Die meisten Führungskräfte jedoch müssen beide Funktionen erfüllen. Nach dem Modell von Blake und Mouton werden Führungskräfte im Hinblick auf diese beiden Funktionen eingeteilt.

Der richtige Führungsstil

Führen passiert immer in einem gesellschaftlichen und kulturellen Kontext. Der richtige Führungsstil von gestern kann heute der falsche sein. Auch die jeweilige Unternehmenskultur spielt eine wichtige Rolle.

Ein autoritärer Führungsstil überlässt den Mitarbeitern wenig Entscheidungsspielraum – im Gegensatz zum kooperativen Stil. Hier können die Mitarbeiter vieles selbst entscheiden bzw. Entscheidungen beeinflussen. In der Realität werden wir zumeist Mischungen finden, die eher autoritär oder eher kooperativ ausgerichtet sind. Der situative Führungsstil lässt jedem Mitarbeiter den Freiraum, den er gut ausfüllen kann. Ziel ist, ihn zu noch mehr Selbstständigkeit hinzuführen.

Steter Wandel

Globalisierung und rascher Wandel stellen neue Ansprüche an die Führungskraft von morgen. Sie muss sich in verschiedenen Kulturen zurechtfinden, sehr flexibel sein und kann nicht vom Soldatengehorsam der Mitarbeiter ausgehen. Vielmehr ist ihre Fähigkeit zu motivieren und zu kommunizieren der Schlüssel zum Erfolg.

Management by Objectives (MbO)

Management nach Zielvereinbarungen hat sich als erfolgreichste Managementkonzeption herauskristallisiert. Sie beruht auf einer Zielvereinbarung zwischen Führungskraft und Mitarbeiter. Bei der Erreichung dieser Ziele werden dem Mitarbeiter große Freiheiten gewährt. Die Führungskraft unterstützt nur. Nach dem vereinbarten Zeitraum wird das Ergebnis gemeinsam bewertet. Prämien und andere Bonifikationen können an die Erreichung der Ziele geknüpft werden.

2. Motivation

Men Wanted
for hazardous journey. Small wages, bitter cold, long months of complete darkness, constant danger, safe return doubtful. Honor and recognition in case of success.

(Männer gesucht für eine gefährliche Reise. Geringe Bezahlung, eisige Kälte, viele Monate absoluter Finsternis, ständige Gefahr, sichere Rückkehr zweifelhaft. Ehre und Anerkennung im Falle von Erfolg.)

Dieses Inserat wurde vor einiger Zeit in einer englischen Zeitung geschaltet. Offensichtlich handelt es sich dabei um ein Jobangebot, allerdings um ein sehr unkonventionelles. Bis auf den letzten Satz widerspricht der Inhalt allem, was Recruiting-Fachleute für ein Inserat empfehlen würden. Selten kann man mit Gefahr locken und doch beinhaltet der erste Satz einen Hinweis darauf. Wenig Geld, Kälte und Dunkelheit wirken in der Regel ebenfalls nicht besonders motivierend. Das gilt auch für die infrage gestellte sichere Rückkehr. Ehre und Anerkennung sind zwar durchaus geeignete Motivatoren – wie wir später noch sehen werden –, allerdings relativ schwache angesichts der genannten Unannehmlichkeiten. Vor allem wenn der Erfolg des ganzen Unternehmens überhaupt zweifelhaft zu sein scheint ...
Wie viele Männer, glauben Sie, haben sich auf dieses Inserat gemeldet? Würden Sie sich melden? Und würden Sie auf ähnliche Weise Mitarbeiter suchen?
Wir wollen Sie nicht länger auf die Folter spannen. Es waren einige hundert Willige, die sich schon Stunden vor dem angegebenen Termin vor dem Personalbüro einfanden. Die Veranstalter schlossen die Warteschlange, da unter dieser Menge an Bewerbern sicherlich geeignete Kandidaten zu finden sein würden.
Worum aber handelte es sich? Vielleicht haben sie es schon erraten: Es ging um die Expedition von Ernest Shackleton, der die Durchquerung der Antarktis plante. Der Inhalt des Inserates entsprach also durchaus der

Wahrheit. Zugegeben, dies alles fand in einer anderen Epoche statt, nämlich 1914. Ehre und Anerkennung waren möglicherweise noch höher angesehen als heute. Trotzdem zeigt diese Geschichte, dass Motivation offensichtlich sehr facettenreich ist, dass es viele Dinge unter der Sonne gibt, die Menschen bewegen können, große Leistungen zu vollbringen. Denn die Strapazen der Expedition wären keinem Arbeitnehmer zumutbar, auch würde die Gewerbeaufsicht sofort eingreifen.

Übrigens stand Shackletons Vorhaben von Anfang an unter einem unglücklichen Stern. Das Schiff namens Endurance geriet schon sehr bald in die Fänge des Packeises und wurde von davon am Ende zermalmt. Die 28-köpfige Mannschaft musste unter unbeschreiblichen Qualen zu Fuß die Rettungsboote über die Eisschollen schleifen, bis sie schließlich ans offene Meer kam. In den kleinen „Nussschalen" erreichten sie nach gefährlicher Fahrt Elefant Island, immer noch über 1300 km von der nächsten Zivilisation, einem kleinen Walfängerdorf, entfernt. Shackleton machte sich mit fünf seiner Männer in einem der Beiboote auf den Weg zu diesem Dorf. Sie strandeten auf der unbewohnten Südwestseite und mussten noch zu Fuß die unwirtlichen Gletscher überqueren, bis sie die Siedlung erreichten. Es war schon Herbst auf der Südhalbkugel und so konnte die Rettungsaktion für die auf Elefant Island verbliebene Mannschaft erst im folgenden Frühjahr gestartet werden. Tatsächlich wurden alle Mannschaftsmitglieder lebend geborgen. Ironie des Schicksals ist, dass einige der Männer in den folgenden Monaten den Schlachten des Ersten Weltkrieges zum Opfer fielen. Im Zuge seiner Expedition musste Shackleton sehr oft Führungsqualität beweisen, denn Hoffnungslosigkeit und Konflikte drohten mehr als einmal, die Gruppe zu sprengen.

In vielen Seminaren im deutschsprachigen Raum haben wir die Frage gestellt, ob sich die Teilnehmer auf ein ähnliches Inserat melden würden. Der Großteil verneinte dies, allerdings gibt es in jeder Gruppe einige, die sofort zustimmen. Begründet wird das meist mit Neugierde, Abenteuerlust, mit der Aussicht auf interessante Erlebnisse und darauf, etwas Außergewöhnliches erreichen zu können. Aber natürlich spielen auch die Ehre und Anerkennung eine Rolle.

Interessant ist die Beobachtung, dass die Zahl der Seminarteilnehmer, die sich auf das Inserat gemeldet hätten, in Estland, Lettland, Bulgarien, Rumänien und Moldawien ungefähr gleich hoch war wie im deutschsprachigen

Raum. Offensichtlich spricht diese Art von Reiz einen annähernd gleich großen Anteil der Menschen an, unabhängig von Wohlstand und kulturellem Hintergrund.

Was ist Motivation? – Versuch einer Begriffsbestimmung

Der Begriff „Motivation" hat die gleichen sprachlichen Wurzeln wie Motor, Motiv, Lokomotive, Emotion. Bekanntlich *bewegt* ein Motor. Eine Lokomotive bewegt sogar sehr viel. Emotionen sind der wichtigste Motor menschlichen Tuns. Diese Erkenntnis hat in den meisten Motivationstheorien Einzug gefunden, wenngleich natürlich auch die Ratio (also der Verstand) eine Rolle spielt. Ausführlich wird dies im Kapitel über sozio-emotionale Intelligenz behandelt.

Lateinisch „movere" bedeutet nichts anderes als „bewegen". Motivation umfasst also alle Handlungen und Rahmenbedingungen, die Menschen dazu bewegen, etwas Bestimmtes zu tun – im Idealfall sogar freiwillig und gern.

Das Motiv

Für Kriminalisten ist das Motiv einer Tat der wichtigste Ansatz für die Suche nach dem Täter. Das „Warum" spielt eine zentrale Rolle. Dem liegt die Annahme zugrunde, dass Menschen nur etwas tun, wenn sie einen guten Grund dafür haben. Diese Gründe können allerdings sehr vielfältiger Natur sein. Und gerade dieser Umstand macht das Finden des Täters oft so schwierig.

Nahezu alle Motivationstheorien setzen am Motiv – also am Grund für eine Handlung – an. Diese Gründe können in der Befriedigung so einfacher Bedürfnisse wie Essen, Schlafen und Sicherheit zu finden sein, aber auch in den Trieben oder im Streben nach Selbstverwirklichung. Bei kriminellen Handlungen sind psychische Krankheiten nicht außer Acht zu lassen. Eine Theorie sieht Neurosen gar als Triebfeder der Motivation allgemein (pathologisches Modell von Kets de Vries, siehe weiter unten).

Und nicht anders verhält es sich beim Motivieren von Mitarbeitern! Hat man erst einmal das Hauptmotiv eines jeden gefunden, kann man ihn damit zu

Höchstleistungen anspornen, die er noch dazu gern erbringt. Entdeckt man es aber nicht, können nur durchschnittliche Leistungen erwartet werden.

Dies ist auch der Grund, warum Arbeitsgruppen über längere Zeiträume zusammenarbeiten sollten: Nur mit der Zeit ist es möglich, seine Mitarbeiter hinreichend kennenzulernen. Darüber hinaus sollte eine Führungskraft nicht mehr als ca. zehn direkt an sie berichtende Mitarbeiter haben. Denn es ist äußerst schwierig, eine größere Zahl von Menschen wirklich gut zu kennen. Dies ist aber die Voraussetzung dafür, das persönliche Hauptmotiv jedes Mitarbeiters zu erfassen und daran anzusetzen. Jedenfalls geht die Verteilung von Motivationsmitteln nach dem Gießkannenprinzip an den meisten Menschen vorbei.

Erkennen Sie bei Ihren Mitarbeitern, was sie wirklich bewegt, dann werden sie sich von selbst hoch motiviert einsetzen

„Führungskräfte müssen ihre Mitarbeiter motivieren. Anschreien allein genügt nicht mehr!" Auf diese Provokation hin ernten wir zumeist Gelächter der Gruppe. Dabei ist es noch nicht lange her, dass diese Motivationsmethode sehr weit verbreitet war, selbst heute existiert sie bisweilen. Bei einem Seminar in Bulgarien wurde das Thema Motivation zwei geschlagene Stunden lang diskutiert, die meisten Theorien wurden behandelt. Plötzlich meldete sich ein Firmenchef in der ersten Reihe und fragte inbrünstig: „Und bestrafen kann man gar nicht?"

Selbstverständlich ist auch Bestrafung eine Art der Motivation – die man sich aber nur leisten kann, wenn die Mitarbeiter in einem starken Abhängigkeitsverhältnis stehen und zudem leicht ersetzbar sind. Denn kein Mitarbeiter wird sich ein Klima der Bestrafung länger gefallen lassen, als er muss. In der Tat handelte es sich bei dem Unternehmen des Fragenden um eine Kleidungsfabrik, in der vor allem Näherinnen und Zuschneiderinnen beschäftigt sind, die man rasch anlernen kann. Außerdem ist die Arbeitslosenrate in der Region sehr hoch. Unter solchen Bedingungen funktioniert auch ein Bestrafungsklima – schließlich haben die Mitarbeiter keine andere Wahl. Trotzdem werden die Besten das Unternehmen sofort verlassen, wenn sich eine Alternative bietet. Und jene, die bleiben, werden nicht mehr leisten, als sie unbedingt müssen.

Der menschenrechtlich bedenkliche Umstand, dass Sklaverei über viele Jahrhunderte funktioniert hat, beweist, dass Unterdrückung, Strafe und Repression sehr wohl zur Arbeit motivieren – notwendig ist dafür allerdings ein sehr aufwendiger Macht- und Unterdrückungsapparat. Und trotzdem gab es viele Sklavenaufstände, bei denen die Aufseher (und viele Sklaven) zumeist ihr Leben ließen.

Glücklicherweise lässt der rechtliche Rahmen zumindest in westlichen Ländern extreme Unterdrückung von Mitarbeitern nicht mehr zu.

Kann man andere motivieren?

Diese Frage hätten wir eigentlich an den Anfang des Kapitels stellen sollen, denn lautete die Antwort „Nein", so wären alle weiteren Ausführungen überflüssig. Einige Berater glauben, dass man nicht motivieren kann, sondern nur Demotivation vermeiden. Das heißt, ist ein Mitarbeiter nicht grundsätzlich motiviert, dann können selbst die ausgereiftesten Motivationsmittel nicht greifen. Ist aber eine Grundmotivation vorhanden, dann ist es für die Führungskraft wichtig, Rahmenbedingungen zu schaffen, die eben nicht demotivierend sind.

Motivation ist das Fernhalten von demotivierenden Bedingungen.

So dogmatisch wie in diesem Merksatz wollen wir den Sachverhalt nicht betrachten. Aber trotzdem ist die Frage berechtigt, ob man vollkommen demotivierte Menschen überhaupt motivieren kann. In diesem Zusammenhang sind die Begriffe intrinsische und extrinsische Motivation zu diskutieren:

* Die *intrinsische Motivation* beschreibt den inneren Antrieb eines Menschen, etwas zu leisten. Die Gründe dafür liegen vermutlich in der Persönlichkeit, die wiederum vor allem in der Kindheit geprägt wird. McClelland fand heraus, dass für ca. 10 Prozent der Menschen der Umstand, etwas geleistet zu haben, an sich sehr motivierend ist. Es existieren allerdings noch andere Formen intrinsischer Motivation, wie

zum Beispiel die Freude am Erkenntnisgewinn oder die Befriedigung, Teil einer Gruppe zu sein.

- Im Gegensatz dazu steht die *extrinsische Motivation,* die alle Rahmenbedingungen der Arbeit beinhaltet. Dazu zählen unter anderem die Bezahlung, Prämien, Belohnungen, angenehme Arbeitsbedingungen und Incentives. Deci ging so weit zu behaupten, dass die intrinsische Motivation darunter leiden könnte, wenn die Bezahlung zu unmittelbar mit der Leistung zusammenhängt. Dies gilt natürlich nur für stark intrinsisch motivierte Menschen. Die meisten Forscher sind hingegen der Meinung, dass die intrinsische Motivation, also die Freude an der Arbeit, durch extrinsische Faktoren wie Bezahlung, Prämien etc. verstärkt wird.

Dies könnte durch folgende von uns entwickelte Formel dargestellt werden:

$$I \times (E + 1) = \text{Gesamtmotivation}$$

I = intrinsische Motivation; E = extrinsische Motivation

Daraus ergeben sich folgende Möglichkeiten:

- Ist die intrinsische Motivation null, so bleibt die Gesamtmotivation null – unabhängig davon, wie hoch die extrinsischen Faktoren sind.
- Beträgt die extrinsische Motivation null, so beläuft sich die Gesamtmotivation auf den Wert der intrinsischen Motivation.
- Sind die externen Faktoren allerdings demotivierend, so vermindern sie die Gesamtmotivation (E nimmt negative Werte an bis maximal -1).

Letztendlich ist die Gesamtmotivation ein Produkt von intrinsischer und extrinsischer Motivation.

Aus dieser Betrachtung ergibt sich eine wichtige Konsequenz für das Unternehmen. Wenn nämlich Menschen angestellt werden, deren intrinsisches Motivationsniveau für die gegebene Aufgabe primär hoch ist, dann können mit relativ einfachen extrinsischen Mitteln große Leistungen erzielt werden. Diesem Umstand wird bei der Stellenbesetzung unserer Erfahrung nach viel zu wenig Rechnung getragen. In erster Linie achtet man nach wie vor auf Qualifikation, vor allem auf (Schul- und Universitäts-)Abschlüsse. Gelegentlich spielen Sympathie und Persönlichkeit eine Rolle. Die intrinsische Motivation, also der Leistungswille, findet aber in den seltensten Fällen eine Berücksichtigung. Es wird als gegeben angenommen, dass der Kandidat arbeiten will. Dem ist aber keineswegs so.

Das Vorbild als Motivator

Haben sie schon einmal erlebt, wie schwer es ist, Kinder gegen das eigene Vorbild zu erziehen? Es ist unmöglich. Alle großen Heerführer der Geschichte waren gute Vorbilder. Viele von ihnen ritten mit ihren Truppen an vorderster Front und erlaubten sich im Lager keinerlei Extras. Von Alexander dem Großen wird folgende Legende berichtet:

> Als bei einem langen Zug durch die Wüste die Wasserreserven aufgebraucht waren, war Alexanders Heer beinahe am Verdursten. Einer seiner Offiziere konnte bei einem kleinen Rinnsal mühevoll einen Helm mit Wasser füllen. Er reichte diesen Helm seinem Feldherrn. Dieser fragte vor versammelter Menge: „Hat jeder meiner Männer so viel Wasser?" Nachdem dies verneint wurde, schüttete er das Wasser mit den Worten auf die Erde: „Dann will ich es auch nicht!"

Ob wahr oder gut erfunden, die Botschaft ist unmissverständlich: Auch charismatische Führungskräfte leben das vor, was sie von ihren Mitarbeitern erwarten.

Eines der Erfolgsrezepte des weiter oben erwähnten Ernest Shackleton war zweifellos, dass er nichts von seinen Männern verlangte, was er nicht selbst auch bereit war zu tun. In dieser Hinsicht gönnte er sich keine Privilegien. Er nahm sogar mehr Strapazen auf sich als die anderen, was ihm zweifellos viel Respekt einbrachte.

Sie können nicht gegen das eigene Vorbild motivieren!

Warum tun Menschen, was sie tun?

Die Frage nach dem Warum zieht sehr rasch die Sinnfrage nach sich. Und diese ist die zentrale Frage aller Religionen und Philosophien. Es wäre vermessen, diese Frage hier klären zu wollen, trotzdem sollte sie nicht ganz ausgespart bleiben. Denn Mitarbeiter fragen sich oft: „Ist es sinnvoll, was ich tue?" Wenn dieser subjektiv empfundene Sinn vollständig fehlt, ist jeder weitere Motivationsversuch sinnlos – im wahrsten Sinne des Wortes.

Die Beschäftigung mit depressiven oder gar suizidgefährdeten Menschen zeigt, dass ihnen meistens ein Sinn fehlt, um (weiter) zu leben. Dieser Sinn kann verschiedenste Gestalt annehmen, wichtig ist sein Vorhandensein bzw. ihn wieder zu finden. Die meisten Therapieformen setzen genau dort an. „Geben Sie Ihren Mitarbeitern Sinn für die Arbeit, alles Weitere wird sich von selbst ergeben", sagte einmal ein namhafter Motivationsforscher. Oder um es mit Antoine de Saint-Exupéry auszudrücken:

> „Wenn du ein Schiff bauen willst, so trommle nicht Männer zusammen, um Holz zu beschaffen, Werkzeuge vorzubereiten, Aufgaben zu vergeben und die Arbeit zu erleichtern, sondern lehre die Männer die Sehnsucht nach dem endlosen weiten Meer."

Genau diese Vision ist es, die heute in den meisten Unternehmen fehlt oder zumindest nicht kommuniziert wird. Die Entwicklungsteams eines großen österreichischen Autozulieferers wurden bei einem Teamtraining gebeten, ihr Unternehmen in Form einer Zeichnung darzustellen. So vielfältig die bildlichen Beschreibungen auch waren – Piratenschiffe, Lastwagen, Planwagen, Flugzeuge, Ballone etc. –, so enthielten sie alle die Frage nach dem Weg, dem Ziel oder der Vision. Wie kann man aber die richtige Richtung einschlagen, wenn diese nicht bekannt ist? Denn wer das Ziel nicht kennt, dem weht nie ein günstiger Wind.

Natürlich ist es eigentlich Sache der Firmenleitung, eine Vision entweder vorzugeben oder mit der Gruppe zu entwickeln. Wichtig ist in jedem Fall, dass es eine Vision gibt und dass sie allen bekannt ist. Sofern Sie als Führungskraft in einem Unternehmen keinen Einfluss auf die Firmenvision haben oder eine solche gar nicht existiert, so können Sie zumindest mit Ihrer

Abteilung Ziele und vielleicht sogar eine Vision formulieren. Auch das ist möglichweise schon sehr hilfreich.

Warum tun Menschen, was sie tun? Dieser in der Überschrift gestellten Frage kommt man vielleicht näher, wenn man Bereiche betrachtet, die nicht der Arbeitswelt entstammen. Warum beispielsweise steigen viele Menschen auf Berge, zum Teil auf sehr gefährlichen Kletterrouten und unter enormen Strapazen? Mit Geld werden die wenigsten dafür belohnt, die meisten zahlen sogar sehr viel für diese Erlebnisse. Es muss also eine andere Form der Belohnung geben. Und auf der Suche nach dieser Belohnung kommen wir vielleicht den Motiven viel näher.

Auf die Frage, warum er auf diesen Berg wolle (es handelte sich um den Everest), soll Bergsteiger George Mallory gesagt haben: „Weil er da ist!" Die Gelegenheit als Motiv. Aus ähnlichen Gründen ist wohl das Skifahren in den Alpen, das Wellenreiten auf Hawaii oder das Tauchen im Pazifik entstanden. Viele Alpinisten berichten von einem unheimlichen Glücksgefühl, wenn sie eine schwierige Route bewältigt haben. Andere sehen im Bergsteigen einen Erkenntnisprozess – sie erkennen, wie großartig die Natur und wie klein wir sind. Manche wollen vielleicht sich selbst oder anderen etwas beweisen. Und nicht zuletzt bringt das Bezwingen eines sehr schwierigen Berges Anerkennung unter Gleichgesinnten.

Eine andere Gruppe von sehr motivierten Menschen, wenn auch zu einem sehr zweifelhaften Zweck, sind Selbstmordattentäter. Obwohl es sie in der Geschichte der Menschheit immer schon gab, haben sie in letzter Zeit traurige Berühmtheit erlangt. Was aber motiviert sie? Was die islamisch-fundamentalistischen Märtyrer betrifft, so erwartet sie das Paradies ohne Umschweife – dort stehen für jeden von ihnen 72 Jungfrauen bereit. So ist es zumindest den Schriften von Abdullah Azzam zu entnehmen, dem Mentor von Osama bin Laden. Zweifelsohne ein Anreiz, allerdings schwer überprüfbar. Daneben gibt es selbst für Selbstmordattentäter materielle Anreize wie die Versorgung der Familie. Unter denjenigen, die ein Selbstmordkommando planten, es jedoch aus irgendeinem Grund nicht durchführten, wurde eine Umfrage über ihre Motivation durchgeführt. Einige gaben unumwunden zu, der materielle Anreiz hätte eine Rolle gespielt.

Ein befreundeter Schriftsteller gab als Grund für das Schreiben an, dass es für ihn die einzige Möglichkeit sei, nicht wahnsinnig zu werden. Ohne Zweifel ein gutes Motiv.

Motivationstheorien im Spiegel der Geschichte

Obwohl viele Motivationstheorien dem empirischen Test überhaupt nicht oder zumindest nicht vollständig standhalten, glauben wir doch, dass die Kenntnis der verschiedenen Denkansätze in ihrer Gesamtheit interessante Schlüsse und vielleicht letztendlich eine Synthese zulässt. So wie Physiker seit vielen Dekaden versuchen, eine einheitliche Theorie der verschiedenen Teilgebiete zu entwickeln, könnte auch die Suche nach einer vereinigten Motivationstheorie durchaus als Großtat im modernen Management angesehen werden. Aus diesem Grunde halten wir es für sinnvoll, viele Theorien einander gegenüberzustellen und am Ende zu versuchen, die aus unserer Sicht wichtigen und richtigen Aussagen jeder Theorie miteinander zu verbinden.

Die Ansätze der verschiedenen Theorien könnten unterschiedlicher nicht sein. So betrachten einige den Menschen als rein rationales Wesen, das immer weiß, was es tut (zum Beispiel die Goal-Setting-Theorie). Andere sehen in ihm das trieb- und instinktgeleitete Tier, das ausschließlich der Triebbefriedigung entgegenstrebt (Freud und Skinner), wieder andere sehen die Bedürfnisse im Vordergrund, die allerdings sowohl biologische also auch soziale Wurzeln haben können (Maslow, Alderfer). Eine weitere Gruppe sieht das soziale Gefüge als die Wurzel aller Motivation, eine Theorie geht von im Prinzip unterschiedlichen psychischen Anomalien aus, die mehr oder weniger stark ausgeprägt sind und so unser Verhalten beeinflussen (Pathologiemodell von Kets de Vries).

Die Gleichheitstheorie von John Stacy Adams

Adams präsentierte 1965 eine Motivationstheorie, die auf sozialem Vergleich aufbaut. Er glaubte, dass der Einsatzwille eines Menschen davon abhängt, wie stark sich die anderen Mitglieder der Gruppe anstrengen und wie viel sie im Vergleich zum eigenen Einsatz dafür erhalten. Es handelt sich um eine Theorie mit soziologischen Wurzeln, die auf vier Grundsätzen basiert:

1. Das Individuum vergleicht sich mit anderen. Dieses Individuum wird *Person* genannt.

2. Die Individuen, mit denen sich die Person vergleicht, werden *andere* genannt.

3. Der Einsatz, den die Person erbringt, wird *Input* genannt. Input kann in Form von Ausbildung, Intelligenz, Erfahrung, Körperkraft, Fähigkeiten, Seniorität, Leistungsbereitschaft, Gesundheit etc. erfolgen. Das sind all jene Dinge, die für den Job von Wichtigkeit sind.

4. Alles, was die Person als Belohnung für den Einsatz erhält, fällt in die vierte Kategorie und wird *Outcome* genannt. Dazu gehören Gehalt, Sonderleistungen, Kündigungsschutz, Dienstwagen, Arbeitsbedingungen, Status etc. Es sind jene Dinge, die von der Arbeit abgeleitet werden.

Auf eine Formel gebracht sieht der Gleichgewichtszustand folgendermaßen aus:

$$\frac{\text{Outcome von Person}}{\text{Input von Person}} = \frac{\text{Outcome des anderen}}{\text{Input des anderen}}$$

Daraus folgt, dass man demotiviert ist, wenn man für den gleichen Gewinn mehr leisten muss bzw. bei gleicher Leistung weniger Gewinn erhält als die anderen. Hingegen ist man motiviert, wenn das Verhältnis von Gewinn zu eingesetzter Leistung gleich jenem der anderen ist. Erhält man mehr Gewinn bei gleicher Leistung wie die anderen oder gleichen Gewinn bei weniger Leistung, so ist man zwar wahrscheinlich motiviert – dieser Zustand kann aber zu schlechtem Gewissen führen, auf jeden Fall aber zur Demotivation der anderen.

Adams entwickelte folgende vier Szenarien, die in weiterer Folge auch empirisch getestet wurden:

1. *Überbezahlung nach Zeit:* Nach der Theorie würde die Person versuchen, durch härtere Arbeit oder mehr Anstrengung die Ungleichheit zu verringern. Durch erhöhten Input würde sich Quantität oder Qualität der Leistung erhöhen.

2. *Überbezahlung nach Stückzahl:* In diesem Szenario wird die Person für jedes Stück überbezahlt. Adams nimmt an, dass die Person zwar nicht die

Quantität erhöhen würde, weil dadurch ja noch mehr überbezahlte Stücke produziert und somit die Ungleichheit sogar ansteigen würde. Stattdessen glaubt Adams, dass die Qualität der Stücke zunehmen würde.

3. *Unterbezahlung nach Zeit:* Aufgrund der Ungerechtigkeit durch Unterbezahlung würde die Person weniger Quantität und Qualität liefern, um so die Gleichheit wiederherzustellen.

4. *Unterbezahlung nach Stückzahl:* Unter dieser Bedingung wurde vorhergesagt, dass die Person mehr Quantität bei gleichzeitig weniger Qualität produzieren würde, um die Ungleichheit zu kompensieren.

Diese Annahmen sind natürlich eindimensional und vereinfachend. Menschliche Reaktionen sind sicherlich nicht so einfach vorherzusagen. Kritiker dieser Theorie haben auch bemängelt, dass Input und Output häufig schwer zu messen sind und sehr stark vom subjektiven Empfinden abhängen. Auch ist der Personenkreis, mit dem verglichen wird, schwer zu definieren. Zudem gibt es wahrscheinlich psychische Mechanismen, mit einer ungerechten Situation umzugehen, indem man sich einredet, dass es doch gute, wenngleich nicht so offensichtliche Gründe für die erlebte Ungleichheit gibt. Es handelt sich hierbei um „Coping"-Mechanismen – sie machen eine Situation erträglich, vor allem dann, wenn man sie nicht ändern kann. Trotzdem beinhaltet unserer Meinung nach dieser Denkansatz einige wichtige Anregungen.

Empirische Überprüfungen dieser Theorie haben ergeben, dass die vier Annahmen sich am ehesten unter der Unterbezahlungsprämisse bewahrheiten. Die beobachteten Ergebnisse waren bei *Unterbezahlung nach Zeit* am ehesten mit der Vorhersage im Einklang.

Aus vielen Seminaren ist uns aber bekannt, dass ein sehr häufiger Grund für Unzufriedenheit bei Mitarbeitern darin besteht, dass Kollegen für genau die gleiche Arbeit wesentlich mehr Bezahlung erhalten. Oft führt dieser Umstand zur inneren Kündigung und bei der ersten guten Gelegenheit auch zum tatsächlichen Arbeitsplatzwechsel.

Die Verstärkungstheorie nach Burrhus Frederick Skinner

Die Verstärkungstheorie ist einer der ältesten Erklärungsansätze zur Motivation und kommt aus der biologischen Verhaltensforschung. Begründet wurde sie von B. F. Skinner, der seine Schlüsse aus Experimenten mit Ratten und Tauben zog. Diese wurden in der legendär gewordenen Skinnerbox konditioniert – dort erhielten sie Futter oder Wasser, wenn sie das gewünschte Verhalten zeigten. Mittlerweile wurden Skinners Experimente auch mit vielen anderen Tierarten erfolgreich durchgeführt.

Obwohl schon in den 1950er-Jahren formuliert, hat die Organisationspsychologie diese Theorie erst um 1970 für ihre Zwecke eingesetzt. Drei Schlüsselvariablen charakterisieren die Verstärkungstheorie: *Stimulus, Reaktion* (Antwortverhalten) und *Belohnung*. Ein Stimulus ist jede Aktion, die eine Reaktion hervorruft, zum Beispiel ein Arbeitsauftrag. Im Arbeitsalltag wäre eine Reaktion jede Art von messbarer Arbeitsleistung. Die Belohnung ist etwas von Wert, dessen Vergabe mit der Reaktion im Zusammenhang steht. Sie ist gedacht als Verstärkung der gewünschten Reaktion. Ausgehend von den Tierexperimenten unterscheidet man vier Reaktions-Belohnungs-Muster, die sich auf die Reaktionsfrequenz auswirken.

1. *Fixiertes Intervall:* Die Person wird nach einem bestimmten Intervall belohnt. Bezahlung nach Stundenlohn würde zu dieser Kategorie gehören.
2. *Fixiertes Verhältnis:* Die Person wird nach einer festgelegten Anzahl von Reaktionen belohnt. Hierzu gehören Provisionen nach Hausverkäufen im Immobiliensektor, bei Versicherungsmaklern nach abgeschlossenen Verträgen oder Bezahlung nach produzierten Stückzahlen.
3. *Variables Intervall:* Die Person wird zwar belohnt, aber in unterschiedlichen Intervallen, die nicht vorhersehbar sind.
4. *Variables Verhältnis:* Die Person wird nach Reaktionen belohnt, aber nach wie vielen dies geschieht, ist veränderlich. So zahlte man eine Provision manchmal nach einem Abschluss, manchmal nach zwei und manchmal nach drei Abschlüssen aus.

Die Theorie besagt nun, dass durch Veränderung der Belohnungsmuster die Motivation der Mitarbeiter verändert werden kann. Nord hält dem entgegen, dass die meisten Menschen lieber ihr eigenes Leben kontrollieren, als von einem Unternehmen manipuliert zu werden. Außerdem kommen noch ethische Gesichtspunkte zum Tragen, wenn es darum geht, das Verhalten der Mitarbeiter zu kontrollieren. Trotzdem funktionieren viele Prämiensysteme nach diesem Konditionierungsschema. Skinner sieht den Erfolg der Anwendung dieser Theorie, wenn

- die Belohnung gewünscht und als wichtig angesehen wird,
- die Belohnung regelmäßig und in nicht allzu großen Zeitintervallen gegeben wird und
- höhere Arbeitsleistung mehr Belohnung nach sich zieht.

Ein Wiener Unternehmer berichtete uns, dass seine Arbeiter nach einer besonderen Arbeitsleistung viel lieber einen Geldbetrag bar auf die Hand erhielten, als einen merklich höheren Betrag am Ende des Monats auf ihrem Gehaltskonto zu finden. Im Sinne dieser Theorie würde im Falle der Überweisung das Zeitintervall zwischen Reaktion (Leistung) und Belohnung zu groß sein und somit der Bezug nicht mehr hergestellt werden. Vermutlich hängt dieses Verhalten allerdings auch von Bildungsgrad, Unternehmenskultur, Branche etc. ab und kann nicht verallgemeinert werden.

Empirische Studien mit Baumsetzern verglichen die Effektivität der verschiedenen Verstärkungsschemata. Einige Setzer wurden nach Zeit bezahlt, nämlich nach gearbeiteten Stunden, unabhängig davon, wie viele Bäume sie gesetzt hatten. Die andere Gruppe wurde nach der Zahl der gesetzten Bäume entlohnt. Letztere war signifikant produktiver.

Eine andere Studie untersuchte die Durchfallrate bei technischen Tests unter verschiedenen Bedingungen. Eine Gruppe bezahlte man nach Anwesenheit, unabhängig davon, ob sie die Tests bestanden. Die zweite Gruppe wurde jeweils nach drei bestandenen Tests bezahlt und die dritte Gruppe nach einer variablen Anzahl von bestandenen Tests. Die beiden Gruppen, die nach bestandenen Tests bezahlt wurden, hatten eine gleich große Durchfallrate von 40 Prozent, die nach Zeit bezahlte Gruppe jedoch von 60 Prozent. Hier spielte die Regelmäßigkeit der Belohnung anscheinend keine Rolle.

Die Erforschung der Verstärkungstheorie wurde auch auf Pünktlichkeit angewandt. Jeder Mitarbeiter einer brasilianischen Produktionsfirma, der pünktlich zur Arbeit erschien, bekam eine zufällig ausgewählte Karte eines Kartenspiels. Am Ende der Woche erhielt jener Mitarbeiter mit dem besten Pokerblatt 20 US-Dollar. Die Pünktlichkeit wurde signifikant erhöht. Der Erfolg dieser Methode hat sicherlich nicht nur mit der Belohnung, sondern auch mit dem „homo ludens", also dem spielenden Menschen bzw. dem Spieltrieb, zu tun.

Eine Gefahr bei der Anwendung der Verstärkungstheorie besteht darin, dass Mitarbeiter ihre Arbeitsleistung möglicherweise auf möglichst hohe Belohnung hin optimieren, was nicht immer auch das Beste für das Unternehmen ist. Hierbei ist bei der Definition der Belohnung sehr zu achten.

Die Erwartungstheorie von Victor Harold Vroom

Vroom kritisierte die meisten Motivationstheorien, weil sie auf den irrationalen Verhaltensweisen der Menschen basieren und die Motivation mit vergangenen Erlebnissen in Zusammenhang gebracht wird. Seine Theorie hingegen geht von rationalem Denken und dem Blick in die Zukunft aus.

Jeder Mensch wird in Bezug auf seine Entwicklung am Arbeitsplatz von einer Reihe wohlüberlegter Berechnungen über die Zukunft motiviert. Nur weil ich etwas will, bedeutet das noch lange nicht, dass ich es auch erreiche – so Vroom. So könnte mein sehnlichster Wunsch eine Beförderung, eine Versetzung, ein neues Aufgabengebiet usw. sein. Die Wahrscheinlichkeit der Verwirklichung aber hat nichts mit der Intensität des Wunsches zu tun. Somit werden die Wünsche im Weiteren von meiner subjektiven Einschätzung der Wahrscheinlichkeit ihrer Realisierung beeinflusst. Dieser Mechanismus ist durchaus sinnvoll, weil damit ständiger Enttäuschung und somit Frustration vorgebeugt wird.

Vroom bezeichnet diese Wünsche und Präferenzen für ein bestimmtes Ereignis als *Valenz*. Die subjektive Einschätzung der Realisierung wird als *Erwartung* bezeichnet. Die Motivation ist nach folgender Formel das Produkt aus *Erwartung* und *Valenz*:

$$\text{Motivation} = \text{Erwartung} \times \text{Valenz}$$

Um dies zu veranschaulichen, stellen wir uns folgendes Szenario vor:
Franz und Anna arbeiten in der Rechnungsabteilung eines großen Unternehmens. In der Abteilung wird eine Stelle als Projektleiter neu geschaffen. Das Arbeitsprofil erfordert jemanden mit Erfahrung in moderner Statistik und Operations-Research. Franz hat einen starken Wunsch nach dem Einkommen und dem Prestige dieser Stelle. Er ist sehr ehrgeizig, seine Frau erwartet

ihr zweites Kind und sie könnten das zusätzliche Geld gut gebrauchen. Er hat jedoch nicht die notwendige Erfahrung. Anna hat die entsprechende Qualifikation für die Position, aber sie dachte schon daran, das Unternehmen zugunsten einer anderen Stelle zu verlassen. Diese neue Position interessiert sie zwar, aber sie wird sich nicht verzweifelt um sie bemühen. Die Motivation der beiden Personen könnte so berechnet werden:

$$\text{Franz: Valenz } (0,9) \times \text{Erwartung } (0,2) = 0,18$$

$$\text{Anna: Valenz } (0,4) \times \text{Erwartung } (0,8) = 0,32$$

Obwohl Franz wesentlich mehr Interesse an der neuen Stelle hat, würde nach der Erwartungstheorie die Motivation von Anna viel höher sein, da ihre Erwartung, die Stelle auch zu bekommen, viermal so hoch ist wie jene von Franz.

Natürlich ist die Messbarkeit von Valenz und Erwartung nicht einfach, wodurch eine mathematische Erfassung der Motivation nach der Erwartungstheorie in der Praxis keine Bedeutung hat. Sehr interessant ist jedoch, dass die Erwartung eine genauso wichtige Rolle wie der Wunsch spielt.

Geht es um die Anwendung, erscheint es als brauchbar, die Erwartungshaltung der Mitarbeiter für ein bestimmtes Ereignis abzufragen und wenn nötig in der Diskussion auch zu korrigieren. Es könnte ja sein, dass der Mitarbeiter von einer falschen Ausgangslange ausgeht, zum Beispiel weil entsprechende Hintergrundinformationen fehlen, die jedoch der Manager hat. Mit diesen Informationen könnte aber die Erwartung wesentlich erhöht werden, was im Sinne der Erwartungstheorie die Motivation stark steigern würde. Denn sehr oft handelt es sich bei geringer Erwartung nur um Missverständnisse. Dies sei an einem aus unserer Beratungspraxis stammenden Beispiel illustriert:

Herr K. ist Firmenleiter eines großen Produktionsbetriebes und hat schon längere Zeit Herrn W. für eine Beförderung zum Koordinator der Arbeitsvorbereitung im Auge. Diese neue Aufgabe bedeutet für Herrn W. einen wesentlichen Aufstieg, außerdem will er schon lange vom Posten des Obermeisters weg, da er dem Druck der Arbeiter nicht mehr gewachsen ist. Für die neue Position bringt er die nötige fachliche und menschliche Qualifikation mit. Der Wunsch (Valenz) ist somit hoch. Da er jedoch keine Anzeichen für eine Beförderung sieht und dann sogar ein Inserat in der Zeitung findet, in welchem ein Bewerber für die neue Position gesucht wird, sinkt seine Erwartungshaltung auf null. Er spielt ernsthaft mit dem Gedanken, den Arbeitgeber zu wechseln.

In diesem konkreten Beispiel konnte das Missverständnis aufgeklärt werden und Herr W. leistete daraufhin lange Zeit sehr gute Arbeit in der neuen Position. Wie oft aber ist das Ergebnis nicht so befriedigend und man erfährt nicht einmal die Hintergründe, warum ein guter Mitarbeiter das Unternehmen verlässt, der gerade für höhere Aufgaben auserkoren war – nur, er wusste es nicht.

Die Weiterentwicklung der Erwartungstheorie von L.W. Porter und E. Lawler

Porter und Lawler haben die Erwartungstheorie noch weiter verfeinert. Ihr Modell (siehe Abbildung auf Seite 64) wirkt zwar etwas kompliziert, ist aber entsprechend sachlich und differenziert. Die drei linken Kästchen entsprechen dabei dem grundlegenden Modell von Vroom, nur wurde der Begriff Motivation durch Anstrengung ersetzt, außerdem ist Leistungsbereitschaft nicht mit Leistung gleichzusetzen. Eine Person setzt sich zum Beispiel sehr ein, die Anstrengung ist also sehr hoch, aufgrund von mangelnder Qualifikation oder ungeeigneter Persönlichkeit ist die Leistung jedoch nicht der Anstrengung entsprechend. Porter und Lawler sehen die Menschen von inneren und äußeren Belohnungen beeinflusst sowie von der Gerechtigkeit des Systems. Die Erwartungstheorie hilft uns zu verstehen, dass das Wollen zwar eine wichtige Voraussetzung für Motivation ist, jedoch noch nicht ausreicht, um sich entsprechend einzusetzen.

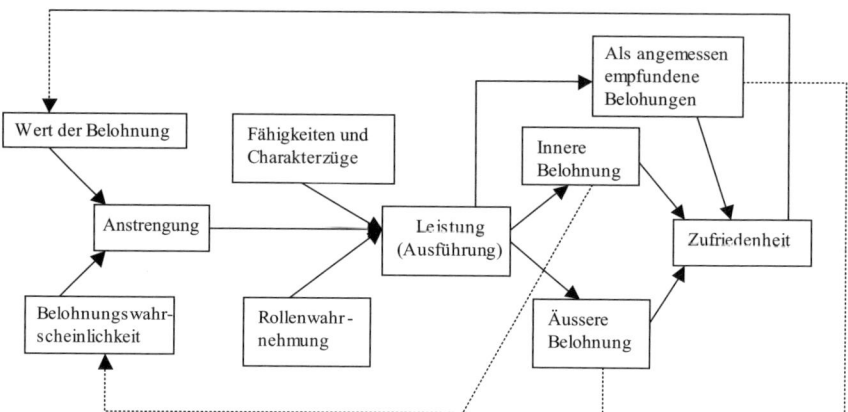

Modell von Porter und Lawler

Folgende Grundannahmen liegen dieser Theorie zugrunde:

- Leistung setzt zumindest Leistungsbereitschaft voraus.
- Leistungsbereitschaft wird mit Motivation gleichgesetzt und hängt von der Erwartung (Belohnungswahrscheinlichkeit) und Valenz (Wunsch) ab.
- Um die Leistungsbereitschaft zur tatsächlichen Leistung werden zu lassen, sind zusätzlich die erforderlichen Fähigkeiten notwendig, sowohl in fachlicher, physischer als auch psychischer Hinsicht sowie die entsprechende Rollenwahrnehmung.
- Erst die Kombination von Leistungsbereitschaft und Fähigkeit ergibt die tatsächliche Leistung.
- Die Leistung führt im Falle der intrinsischen Motivation zu unmittelbarer Zufriedenheit, im Falle der extrinsischen Motivation erst über den Umweg der externen Belohnung.

Gemäß der Erwartungstheorie sind Menschen sehr bewusste und rationale Wesen. Es wird davon ausgegangen, dass Menschen ihr Verhalten danach richten, wie sie den größtmöglichen Gewinn (Belohnung) erzielen können. Wenn wir unbewusste Motive oder irrationale Beweggründe annehmen, ist die Theorie nicht mehr haltbar. Auch ist es durchaus möglich, dass Menschen eben nicht nach dem größtmöglichen Gewinn streben, sondern dass ihnen eine gewisse Basisversorgung ausreicht. Hier kommt die von Skinner formulierte Voraussetzung zum Tragen, dass die Belohnung sehr gewünscht sein muss, um zu greifen.

Muchinsky sieht die Gültigkeit der Verstärkungstheorie abhängig davon, wie sehr Menschen ihr Verhalten von rationalen Prozessen abhängig machen. Dieser Grad ist von Individuum zu Individuum verschieden. Er untersuchte in einem Experiment, wie sehr die Erwartungstheorie den Einsatz von College-Studenten vorhersagen konnte. Für die Vorhersagewahrscheinlichkeit ergab sich eine Validität von 0,52. Sie schwankte jedoch bei unterschiedlichen Studenten von 0,08 (vernachlässigbar gering, keine Vorhersage möglich) bis 0,92 (sehr hoch). Es scheint also so zu sein, dass sich bei jenen Studenten, die von sehr rationalem Verhalten geprägt waren, die Theorie sehr gut anwenden ließ, bei jenen hingegen, die sich irrational verhielten und von unterbewussten Motiven geleitet wurden, überhaupt nicht funktionierte.

Die Goal-Setting-Theory nach Edwin A. Locke

Goal Setting ist eine Motivationstheorie, die auf der Annahme basiert, dass Menschen rational und bewusst agieren. Sie behandelt den Zusammenhang von bewussten Zielen, Intentionen (Absichten) und Leistung. Ihre Prämisse ist, dass bewusste Ideen das Handeln bestimmen. Das Individuum versucht, seine Ziele bewusst zu erreichen.

Locke sieht in den Zielen zwei Bedeutungen: Sie sind die Basis für Motivation und sie lenken Verhalten. Ziele geben einen Anhaltspunkt, zu wie viel Einsatz man bereit ist. Ziele sind beabsichtigtes Verhalten. Im Gegenzug beeinflussen sie die Leistung. Es müssen jedoch zwei Bedingungen erfüllt sein, damit die Ziele Leistung positiv beeinflussen können. Erstens muss sich die Person des Ziels bewusst sein und wissen, was zu dessen Erreichung nötig ist. Zweitens muss die Person das Ziel als etwas ansehen, für das es sich einzusetzen lohnt. Daraus folgt, dass Ziele abgelehnt werden könnten, weil sie entweder zu leicht oder zu schwierig zu erreichen sind oder die Person nicht genau weiß, wie man sie erreichen kann. Das Ziel zu akzeptieren impliziert, dass die Person das für die Zielerreichung benötigte Verhalten an den Tag legt.

Lockes Goal-Setting-Theorie besagt, dass schwierigere Ziele zu höherer Leistung führen, solange sie nicht überfordern, sondern nur fordern. Locke glaubte auch, dass das „Commitment" (innere Verpflichtung, mit dem

Herzen dabei sein) sich proportional zur Schwierigkeit des Ziels verhält. Somit werden schwierigere Ziele mit mehr Commitment verfolgt.

Ziele können in ihrer Spezifität variieren. Einige Ziele sind allgemein (zum Beispiel ein guter Mitarbeiter zu sein), andere sehr spezifisch (zum Beispiel sieben Computer bis nächsten Mittwoch zu verkaufen). Je spezifischer ein Ziel, desto fokussierter wird es verfolgt und desto gerichteter fällt das Verhalten aus. Es ist außerdem wichtig, dass die Person Feedback über die Arbeitsleistung (Work Performance) erhält.

Folgende Faktoren und Bedingungen beeinflussen die Motivation und Arbeitsleistung positiv:

Ziele sind Verhaltensabsichten, die unsere Energie in eine bestimmte Richtung lenken. Je schwieriger und spezifischer ein Ziel, desto größer wird unsere Motivation sein, es zu erreichen. Feedback ist notwendig, damit wir wissen, ob wir noch auf Kurs sind. Die Quelle der Motivation ist der Wunsch und die Intention, ein bestimmtes Ziel zu erreichen. Zusätzlich muss das Ziel von uns akzeptiert sein.

Im Wesentlichen haben empirische Studien die Theorie bestätigt. So bearbeiteten Latham und Yukl 25 Feldstudien zur Goal-Setting-Theorie und annähernd alle verliefen im Sinne der Theorie.

Es wurden zum Beispiel Kraftfahrer untersucht, die Baumstämme zum Sägewerk transportierten. Man hat Leistung unter zwei Bedingungen betrachtet: Je mehr die Lastwagen beladen werden, desto weniger Fuhren sind nötig. Also ist eine Beladung knapp unter dem Gewichtslimit am wirtschaftlichsten. Unter der ersten Bedingung wurde den Fahrern gesagt, dass sie „ihr Bestes" beim Beladen der Lastwagen geben sollten. Später wurde ihnen auferlegt, den Lastwagen so nahe wie möglich am Gewichtslimit zu beladen. Eine Waage unterrichtete die Fahrer darüber, wie nahe sie ans Limit kamen. Während unter der ersten Bedingung die Beladungskapazität nur bei knapp 60 Prozent blieb, lag sie unter der zweiten Bedingung über die Dauer des Experiments über 90 Prozent, allerdings mit einigen Schwankungen. Vier Wochen wurden benötigt, um sich an die 90-Prozent-Marke heranzutasten, dann wurde das hohe Niveau gehalten. Das Experiment lief über 48 Wochen. Ein anderes Experiment verglich Holzfällerteams. Man gab drei verschiedene Ziele aus. Die erste Gruppe sollte lediglich „ihr Bestes" geben. Der zweiten Gruppe wurden Vorgaben gemacht, wie viel sie in welcher Zeit fällen sollten, und die dritte Gruppe konnte sich selbst die Ziele setzen. Letzte peilte die höchsten Ziele an und erreichte diese auch am häufigsten. Man könnte daraus den Schluss ziehen, dass selbst gesteckte Ziele am ehesten akzeptiert werden und dass ambitionierte Ziele eher motivieren.

Die Führungskonzeption MbO (Management by Objectives, siehe Seite 40) von Peter Drucker basiert im Wesentlichen auf dieser Theorie und ist genauso erfolgreich wie weit verbreitet. Allerdings funktioniert diese Theorie nach Zielen nur unter bestimmten Bedingungen und ist ihrem Wesen nach phänomenologisch: Sie betrachtet nicht den Menschen in seinen Gefühlen und irrationalen Mechanismen, sondern behandelt ihn als ausschließlich rationales Wesen. Überwiegen irrationale Motive, greift dieser Ansatz nicht.

Die Bedürfnishierarchie nach Abraham Maslow

Die Hierarchiepyramide von Maslow ist vermutlich die bekannteste der Motivationstheorien. Abraham Maslow geht bei seinem Erklärungsversuch der Motivation von einer hierarchischen Anordnung von Bedürfnissen aus, welche sich in Form einer Pyramide darstellen lassen (siehe Abbildung). Er meint, dass tiefer stehende Bedürfnisse zuerst befriedigt bzw. erfüllt sein sollten, bevor sich der Mensch der nächsten Bedürfnisstufe zuwendet. So müssen nach diesem Ansatz die physiologischen Bedürfnisse (Nahrung, Wasser, Schlaf etc.) zuerst befriedigt sein, damit sich das Individuum um Sicherheit kümmert. Und erst wenn diese Sicherheit gewährleistet ist, entsteht der Wunsch nach Zugehörigkeit und Liebe.

Schon in seinen Frühwerken räumt Maslow ein, dass man die Hierarchieebenen nicht so strikt getrennt sehen darf und zweifelsohne Überlappungen möglich sind. Der Schwerpunkt der Motivierbarkeit liegt jedoch, so Maslow, entweder im unteren, mittleren oder oberen Bereich der Pyramide. So könnte man einen Mitarbeiter wohl kaum mit Titeln und Orden zu außergewöhnlichen Leistungen animieren, wenn sein Lohn nicht für die Deckung von Nahrung und Wohnung ausreicht. Hingegen wird ein Top-Manager mit Millionengehalt durch ein paar Hunderter mehr im Monat wohl kaum motivierter sein als vorher. Anders stünde es um die Empfänglichkeit für Auszeichnungen und Titel.

Viele Kandidaten für hohe Positionen in einem Maschinenbaukonzern fragten beim Interview sehr oft nach der Möglichkeit von Ausbildung und

Weiterbildung (Bedürfnis nach Selbstverwirklichung). Sie maßen dem mehr Bedeutung bei als dem Gehalt, welches als selbstverständlich ausreichend angesehen wurde. Einige waren auch bereit, auf beachtliche Anteile der Entlohnung zu verzichten, wenn sie dafür mehr Zeit für ihre Familie haben würden (Bedürfnis nach Zugehörigkeit und Liebe, vielleicht auch Selbstverwirklichung).

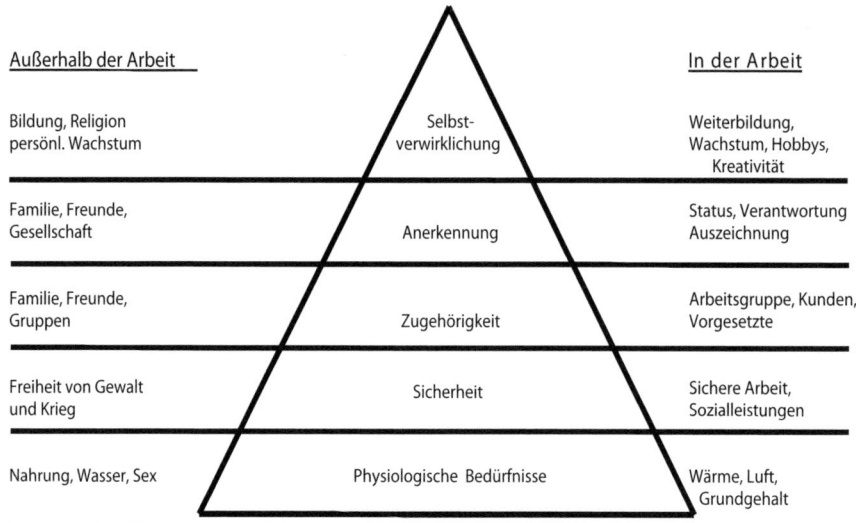

Maslows Bedürfnishierarchie

Die Bedürfnisse nach Maslow im Einzelnen:

Unterste Stufe: Physiologische Bedürfnisse

Maslow fasst hier alle Bedürfnisse zusammen, die zur Aufrechterhaltung des Organismus nötig sind, wohl wissend, dass deren Zahl sehr groß ist.
Diese Aufrechterhaltung wird in der Biologie Homöostase genannt und beschreibt alle Versuche des Individuums, den Gleichgewichtszustand im Körper zu erhalten. Dazu zählen Körpertemperatur, Blutzuckergehalt, Flüssigkeitsmengen, osmotischer Druck, pH-Wert und vieles mehr. Obwohl Sexualverhalten nicht der Homöostase im engeren Sinne dienlich ist, wird es den physiologischen Bedürfnissen zugerechnet.

Im Hinblick auf den Arbeitsplatz rechnet man physikalische Größen wie Temperatur, Luftfeuchtigkeit, Gestank, Lärm, Bürogröße etc. dazu. Verkompliziert wird die Situation dadurch, dass niedere Bedürfnisse gelegentlich als Ersatz für unerfüllte höhere Bedürfnisse dienen müssen. So könnte es sein, dass „eine Person, die glaubt, dass sie hungrig ist, ... tatsächlich mehr nach Bequemlichkeit und Geborgenheit verlangt als nach Vitaminen und Proteinen. Umgekehrt ist es möglich, das Nahrungsbedürfnis teilweise mit anderen Aktivitäten zu befriedigen, mit Zigarettenrauchen oder Wassertrinken."

Für Maslow sind die physiologischen Bedürfnisse die „mächtigsten" von allen. Ein menschliches Wesen, dem es im Leben extrem an allem mangelt, ist am wahrscheinlichsten durch die in Aussicht gestellte Befriedigung seiner physiologischen Bedürfnisse zu motivieren. Jemand, dem es an Nahrung, Sicherheit, Liebe und Wertschätzung mangelt, würde wahrscheinlich nach Nahrung mehr als nach etwas anderem hungern. „Für den chronisch und extrem hungrigen Menschen wird Utopia einfach als ein Ort definiert werden, an dem es genügend Nahrung gibt." – Demnach würde er wohl am ehesten mit ausreichender Nahrung motivierbar sein.

Zweite Stufe: Sicherheitsbedürfnisse

Darunter versteht Maslow den Wunsch nach Sicherheit, Stabilität, Geborgenheit, Schutz, Angstfreiheit, Struktur, Ordnung, Gesetz, Grenzen etc. Auch die Arbeitsplatzsicherheit ist dazuzuzählen. Mit Blick auf die Vereinigten Staaten in den sechziger Jahren sah er diese Bedürfnisse allerdings im Wesentlichen erfüllt und in größerem Ausmaß nur mehr bei Neurotikern vorhanden. Deren Sicherheitsbedürfnis beschreibt Maslow wie folgt:

> „Neurotische Erwachsene in unserer Gesellschaft verhalten sich in mancher Hinsicht wie das unsichere Kind in ihrem Verlangen nach Sicherheit, obwohl dies beim Erwachsenen eine spezielle Form annimmt. Sie reagieren häufig auf die unbekannten psychologischen Gefahren in einer Welt, die als feindlich, überwältigend und bedrohlich wahrgenommen wird. Solche Personen verhalten sich, als würde ständig eine große Katastrophe drohen, d. h., sie reagieren gewöhnlich wie auf einen Notstand. Ihre Sicherheitsbedürfnisse finden

häufig spezifischen Ausdruck in der Suche nach einem Beschützer oder einer starken Persönlichkeit, auf die man sich verlassen kann, vielleicht einem Führer."

Weiter unten werden wir sehen, dass das pathologische Modell von Kets de Vries vom Menschen als mehr oder weniger stark neurotisch veranlagt ausgeht. Dadurch erlangt das Sicherheitsbedürfnis – trotz aus Maslows Sicht objektiver Befriedigung – neue Bedeutung. Zudem ist die Sicherheit zweifelsohne in vielen Ländern dieser Erde und zumindest heutzutage auch in den Vereinigten Staaten für sehr viele Menschen keineswegs mehr gewährleistet. Somit erlangt die Befriedigung dieses Bedürfnisses im Sinne der Motivation aktuell sehr große Bedeutung.

Was den Arbeitsplatz betrifft, so zählen Maßnahmen zur Unfallverhütung, Schutzeinrichtungen vor gesundheitsschädlichen Einflüssen wie Dämpfen und Chemikalien sowie die Sicherheit vor Verlust des Arbeitsplatzes dazu.

Dritte Stufe: Bedürfnis nach Zugehörigkeit und Liebe

Hier geht es um das Bedürfnis, Teil einer Gruppe zu sein. Menschen haben von Beginn ihrer Entwicklungsgeschichte an in Gruppen gelebt, ja leben müssen, da sie in der Regel allein nie lebensfähig waren – im Gegensatz zu vielen anderen Säugetierarten. Schon zu den Zeiten, als unsere Vorfahren sich gerade erst als Homo sapiens, als denkende Menschen, von den anderen Hominiden abhoben, lebten sie als Jäger und Sammler in Gruppen. Auch leben alle rezenten Menschenaffen nicht als Einzelgänger. Das Verhalten von Hermann Hesses „Steppenwolf", der allein durch die Dschungel der Städte streift und dabei immer einsam bleibt, ist also nicht naturgegeben.

Diese dritte Stufe der Bedürfnispyramide begründet sich auf dem Bedürfnis nach Zugehörigkeit und Liebe. Jede gute Gesellschaft sollte nach Maslow dieses Bedürfnis auf die eine oder andere Weise befriedigen, wenn sie überleben und gesund bleiben will. Liebe ist nach Maslow nicht synonym mit Sex zu verstehen:

„Gewöhnlich ist sexuelles Verhalten vielfach determiniert, d. h. nicht nur von den sexuellen, sondern auch von anderen Bedürfnissen, darunter an erster Stelle den Liebes- und Zuneigungsbedürfnissen.

Auch darf man nicht übersehen, dass Liebesbedürfnisse sowohl Liebe geben als auch Liebe nehmen einschließen."

Vierte Stufe: Bedürfnis nach Achtung und Anerkennung

„Erstens gibt es das Bedürfnis nach Stärke, Leistung, Bewältigung und Kompetenz, Vertrauen angesichts der übrigen Welt und Unabhängigkeit und Freiheit. Zweitens gibt es, was man den Wunsch nach einem guten Ruf oder nach Prestige nennen könnte (definiert als Respekt oder Hochachtung seitens anderer Leute), nach Status, Berühmtheit und Ruhm, nach Dominanz, Anerkennung, Aufmerksamkeit, Bedeutung, Würde oder Wertschätzung."

Aus darwinistischer Sicht beruhen letztere Bedürfnisse unter anderem darauf, dass derjenige, dem Achtung und Anerkennung in einer Gruppe zuteil wird, entsprechend attraktiv für das andere Geschlecht ist und somit auch mit höherem Reproduktionserfolg aufwarten kann. Es ist sicherlich kein Zufall, dass wohlhabende und mächtige Männer, so körperlich unattraktiv und alt sie auch sein mögen, auf viele Frauen trotzdem unwiderstehlich wirken. Somit ist das Bedürfnis nach Achtung und Anerkennung, wenn die physiologischen Bedürfnisse und jene nach Sicherheit und Gruppenzugehörigkeit einmal gedeckt sind, auch biologisch erklärbar.
Es sei erwähnt, dass die humanistische Psychologie diese rein biologistischen Ansätze ablehnt oder zumindest noch andere Begründungen als rein biologische anführt. Das Bedürfnis nach Stärke, Leistung etc. könnte aus der Notwendigkeit erklärt werden, sich gegen außen verteidigen zu müssen. Leistung und Kompetenz waren wichtig, um das langfristige Überleben zu sichern.

„Die Befriedigung des Bedürfnisses nach Selbstachtung führt zu Gefühlen des Selbstvertrauens, der Stärke, der Fähigkeit, zum Gefühl, nützlich und notwendig für die Welt zu sein. Doch Frustrierung dieses Bedürfnisses bewirkt Gefühle der Minderwertigkeit, der Schwäche und der Hilflosigkeit. Solche Gefühle wiederum lassen entweder grundlegende Entmutigung oder kompensierende oder neurotische Trends entstehen. Einsicht in die Notwendigkeit grundlegenden Selbstvertrauens und Verständnis dafür, wie hilflos Menschen ohne Selbstvertrauen sind, kann leicht aus der Untersuchung schwerer traumatischer Neurosen gewonnen werden."

Auch hier wieder ein Hinweis auf Parallelen zu neurotischem Verhalten, welches de Vries den meisten Menschen mehr oder weniger unterstellt und worauf er seine Motivationstheorie aufbaut.

Das Militär benützt das Bedürfnis nach Achtung und Anerkennung geschickt, indem auf Dienstgrade und hierarchische Abstufungen großer Wert gelegt wird. Auszeichnungen, Medaillen und Orden dienen ebenfalls dazu, dieses Bedürfnis anzusprechen.

Fünfte (höchste) Stufe: Bedürfnis nach Selbstverwirklichung

Bei dieser Stufe handelt es sich um das Bedürfnis, nach Höherem zu streben, als sich auf seine eigene vergängliche Existenz zu konzentrieren. Viele Religionen und Philosophien bezeichnen dieses Bedürfnis als Transzendenz. Der Wunsch, etwas Sinnvolles im Sinne des Weltenlaufes zu tun ist, allen Menschen, die dieses Bedürfnis verspüren, gemeinsam. Stellvertretend für viele andere seien Mutter Theresa, Albert Schweitzer und Mahatma Gandhi genannt.

„Auch wenn alle diese Bedürfnisse befriedigt sind, wird man häufig (wenn auch nicht immer) erwarten können, dass neue Unzufriedenheit und Unruhe entsteht, wenn der Einzelne nicht das tut, wofür er als Individuum geeignet ist. Musiker machen Musik, Künstler malen, Dichter schreiben, wenn sie sich letztlich in Frieden mit sich selbst befinden wollen. Was ein Mensch sein kann, muss er sein. Er muss seiner eigenen Natur treu bleiben. Dieses Bedürfnis bezeichnen wir als Selbstverwirklichung."

Kritik an der Theorie

Auch an dieser Theorie wurde heftige Kritik geübt. So stellten viele Kollegen Maslows infrage, dass die Bedürfnisse tatsächlich rein hierarchisch angeordnet sind. Man zitierte das Beispiel eines indischen Yogis, der nach Selbsterkenntnis und Transzendenz strebt, ohne dass die anderen Stufen der Pyramide nur annähernd erreicht sind. Darüber hinaus bezweifeln einige, dass eine Stufe völlig erfüllt sein muss, um die Bedürfnisse der nächsten Stufe zu empfinden. Ein Beispiel aus einer österreichischen Fabrik mag dies veranschaulichen:

> Vor einigen Jahren wurde die Kantine aus organisatorischen Gründen umstrukturiert. Im Rahmen dieser Veränderungen engagierte man einen Spitzenkoch, der hervorragende Küche anbietet. In einem persönlichen Gespräch teilte er mit, dass er die Mitarbeiter als Gäste eines Haubenrestaurants betrachtet und auch auf ihre Wünsche eingeht. Ebendiese Werksküche wurde bei einer Mitarbeiterbefragung als ein sehr motivierender und positiver Faktor im Unternehmen genannt.

Obwohl die physiologischen Bedürfnisse der Mitarbeiter sicherlich erfüllt sind, kann ein herausragendes Angebot in der unteren Ebene der Pyramide sehr motivierend wirken. Da das Menü hochwertig und gesund zusammengestellt wird, ist zusätzlich ein positiver Effekt auf die Arbeitsleistung zu erwarten.

Die ERG-Theorie von Clayton P. Alderfer

Die zweite auf Bedürfnissen aufbauende Theorie ist jene von Alderfer, der sicherlich von Maslow beeinflusst wurde. Es gibt sehr viele Parallelen, jedoch auch einige gravierende Unterschiede. Zunächst einmal definierte Alderfer folgende drei hierarchisch angeordnete Bedürfnissphären im Gegensatz zu den fünf von Maslow:

1. Existenzbedürfnisse

   Hierbei handelt es sich um materielle Bedürfnisse wie Nahrung, Wasser, Bezahlung, Begünstigungen und Arbeitsbedingungen.

2. Beziehungsbedürfnisse

   Das sind Bedürfnisse, die Beziehungen mit „wichtigen" anderen betreffen, wie zum Beispiel Kollegen, Vorgesetzte und Mitarbeiter, aber auch Familie und Freunde.

3. Wachstumsbedürfnisse

Diese beinhalten den Wunsch nach besonderem persönlichem Wachstum. Sie werden befriedigt durch Entwicklung von Fähigkeiten und Kenntnissen, die der Person als wichtig bzw. sehr wichtig erscheinen.

Der Name ERG-Theorie stammt von den englischen Anfangsbuchstaben der drei Bedürfnisebenen *Existence*, *Relatedness* und *Growth*. Alderfer versuchte mit seiner Theorie, die Schwachpunkte von Maslows Bedürfnishierarchie zu beheben. Die wichtigsten Unterschiede zu Maslows Theorie sind:

- Alderfer beschrieb drei anstatt fünf Bedürfniskategorien, wobei folgende Beziehungen zwischen den Kategorien bestehen:

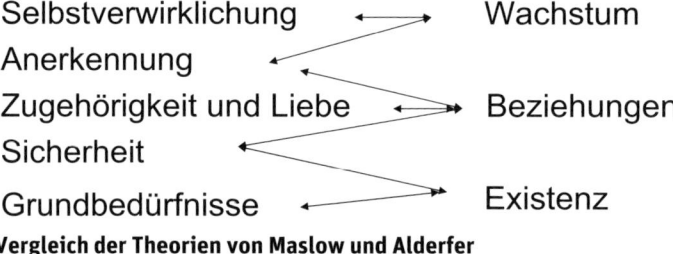

Maslows Bedürfnis nach   **Alderfers Bedürfnis nach**

Selbstverwirklichung → Wachstum
Anerkennung
Zugehörigkeit und Liebe ↔ Beziehungen
Sicherheit
Grundbedürfnisse → Existenz

Vergleich der Theorien von Maslow und Alderfer

- Alderfer beschrieb zweitens seine Bedürfnisse entlang eines Kontinuums statt nach hierarchischen Gesichtspunkten.
- Und drittens erlaubt Alderfers Theorie ein „Vor" und „Zurück" entlang des Kontinuums, anstatt wie bei Maslow erst in die nächste Kategorie bzw. Hierarchie einzusteigen, wenn die vorhergehende erfüllt ist. Alderfer bezeichnete die Orientierung in Richtung Wachstum als „Erfüllungsprogression", das Zurückgehen in Richtung Existenzbedürfnisse hingegen als „Frustrationsregression". Alderfer glaubte, dass ein Mensch, wenn sein Versuch fehlschlägt, höhere Bedürfnisse zu befriedigen, sich niederen Bedürfnissen zuwendet.

- Ein weiterer Unterschied besteht darin, dass Maslow glaubt, ein Mensch würde die Befriedigung unerfüllte Bedürfnisse umso mehr verlangen, je weniger sie erfüllt sind. Alderfer hingegen ist der Ansicht, dass in diesem Fall eine untere Stufe als Kompensation zur unerfüllten oberen Stufe von Bedürfnissen übermäßig erfüllt wird. So würde die Befriedigung der Existenzbedürfnisse besonders angestrebt werden, wenn Beziehungsbedürfnisse nicht erfüllt würden.

Die Zwei-Faktoren-Theorie von Frederick Herzberg

Frederick Herzberg arbeitete mit mehreren hundert Technikern und Buchhaltern Mitte der fünfziger Jahre in Pittsburgh, USA. Um herauszufinden, was sie motivierte, stellte er folgende Frage:

„Denken Sie an einen Zeitpunkt, an dem Sie sich bei ihrer Arbeit außerordentlich gut oder außerordentlich schlecht fühlten, entweder bei ihrer gegenwärtigen Arbeit oder bei irgendeiner anderen, die Sie einmal ausübten. Dabei kann es sich entweder um eine langfristige oder um eine kurzfristige Situation handeln. Erzählen Sie bitte, was geschah!"

Als er die Ergebnisse des Experiments analysierte, stellte er fest, dass sich zwei getrennte Faktoren auf das Arbeitsverhalten auswirkten. Die einen nannte er *Motivatoren* (motivators), die anderen *Hygienefaktoren* (dissatisfiers). Folgende Tabelle veranschaulicht die Zugehörigkeit der verschiedenen Aspekte zu den zwei Faktoren:

Motivatoren	Hygienefaktoren
Leistung	Bezahlung
Anerkennung (Beziehung zu Vorgesetzten)	Überwachung (Kontrolle)
Die Arbeit an sich	Sicherheit des Arbeitsplatzes
Verantwortung	Status
Beförderung (Aufstiegschancen)	Unternehmenspolitik, Verwaltung

Die Hygienefaktoren tragen analog zur medizinischen Hygiene als Krankheitsverhütung dazu bei, nicht unmotiviert zu sein. Sind sie nicht erfüllt, so ist der Mitarbeiter demotiviert. Sind sie allerdings erfüllt, so heißt das noch lange nicht, dass der Mitarbeiter motiviert ist und der Patient gesund. Sie werden dann oft als selbstverständlich hingenommen.

Die Motivatoren hingegen wirken motivierend, wenn sie erfüllt sind. Sind sie nicht gegeben, die Hygienefaktoren aber größtenteils erfüllt, so kann man „Dienst nach Vorschrift" erwarten, aber nicht mehr. Daraus schloss Herzberg, dass man durch „Job Enrichment" (also indem man die Arbeitsplätze und Aufgaben interessanter gestaltete) stark zur Motivierung beitragen könne. Es ergeben sich bei näherer Betrachtung auch einige Parallelen zur Bedürfnispyramide von Maslow. So sind die Hygienefaktoren im unteren Teil der Pyramide anzutreffen, die Motivatoren hingegen an der Spitze.

Kritik an der Theorie

Spillane kritisierte die Theorie, weil diese die starke Ausrichtung von Arbeitern am Geld als neurotisch einstuft. Er stellte auch fest, dass für viele Jobs ein „Enrichment" gar nicht infrage kommt und dass es für Arbeiter durchaus sinnvoll sein kann, sich am Geld zu orientieren.

Carey stand der Zwei-Faktoren-Theorie ebenfalls kritisch gegenüber und erwähnte einen interessanten Widerspruch in Herzbergs Verhalten. Herzberg wurde für öffentliche Auftritte, bei denen er die Unwichtigkeit des Geldes betonte, sehr gut bezahlt, aber wenn er darauf angesprochen wurde, bemerkte er: „Zum Teufel, ich glaube schließlich an die Hygienefaktoren."

Man könnte als Kritik auch anbringen, dass das untersuchte Kollektiv sowohl fachlich als auch geografisch sehr begrenzt war und die Untersuchung schon vor einigen Jahrzehnten durchgeführt wurde. In der Tat gibt es bei jedem Seminar heftige Diskussionen, welche Aspekte zu den Motivatoren und welche zu den Hygienefaktoren gehören. So wurde zu Recht eingewendet, dass eine schlechte Beziehung zu Vorgesetzten sehr demotivierend wirken kann und oft sogar den Grund für einen Jobwechsel darstellt. Umgekehrt haben viele Teilnehmer in den osteuropäischen Staaten eingewendet, dass in ihren Ländern Geld sehr wohl zu den Motivatoren gehört, vor allem wohl auch deswegen, weil die Durchschnittsgehälter sehr niedrig sind. Darüber wird weiter unten noch zu diskutieren sein.

Offensichtlich hängt die Zuordnung zu Motivatoren bzw. Hygienefaktoren von vielen Dingen wie Kultur, Branche und Lebensraum ab. Dass aber zwei Faktoren definiert werden können, wurde selten bezweifelt, auch nicht, dass deren Definierung Konsequenzen für Motivationsmaßnahmen hat. Für die Praxis bedeutet dies, dass man für seine Mitarbeiter die Hygienefaktoren erkennen, aber das Hauptaugenmerk auf die Motivatoren richten sollte.

Die Theorie von David McClelland

McClelland entwickelte seine Theorie aufgrund der Ergebnisse, die er beim Applizieren eines psychologischen Tests mit einer Vielzahl von Arbeitskräften erzielte. Es handelte sich bei dem Test um den von Henry Murrey entwickelten „Thematischen Apperzeptions-Test", kurz TAT. Dabei werden dem Probanden eine Reihe von Bildern gezeigt, die eine Alltagssituation darstellen, allerdings nicht sehr klar gezeichnet, damit so viel wie möglich hineininterpretiert werden kann. Nachdem jedes Bild für 10 bis 15 Sekunden gezeigt wurde, muss der Proband eine Geschichte dazu schreiben. Aus den Hauptmotiven der Geschichten ergaben sich bei der Untersuchung drei Cluster:

1. Bedürfnis nach Leistung
2. Bedürfnis nach Macht
3. Bedürfnis nach Zugehörigkeit oder sozialer Interaktion

Bedürfnis nach Leistung

Menschen dieser Kategorie sind an raschen Problemlösungen orientiert. Dementsprechend stand bei ihren Geschichten die Problemlösung im Vordergrund. McClelland schätzte, dass ca. 10 Prozent der Menschen durch außergewöhnlich hohe Leistungsmotivation geprägt sind, und führt dies vor allem auf Erlebnisse und Erziehung in der Kindheit zurück. Auch kulturelle Werte, die ja in der Kindheit tradiert werden, üben einen großen Einfluss aus. So lieferte McClelland Inhaltsanalysen populärer Literatur verschiedener Nationen (Lieder und Geschichten), wobei er nach Ausdrücken von Leistung, Macht und Zugehörigkeit suchte. Er stellte fest, dass indische Bücher oft geistige Themen behandeln und die Unwichtigkeit von Reichtum betonen, während zum Beispiel chinesische Bücher materielle Ziele in den Vordergrund stellen. Daraus zieht er folgenden Schluss: „Es sollte deshalb nicht überraschen, wenn man es für wahrscheinlich hält, dass eine Nation wie China auf lange Sicht eine Nation wie Indien, die fatalistischer zu sein scheint, in der Produktion übertreffen wird."

Auch beschreibt er ein Abwenden von der Leistungsorientierung bei den Briten im letzten Jahrhundert, womit er den Niedergang des ehemaligen Weltreiches begründet. Es handelt sich bei diesem Typ normalerweise um Geschäftsleute, oft im Verkauf oder in kleinen Betrieben. Sie leisten gern, vor allem dann, wenn das eigene Handeln direkt mit dem Ergebnis korreliert. Deswegen verabscheuen sie auch jedwede Art von Glücksspiel, da hier die Einflussmöglichkeiten nicht gegeben sind. Sie wollen Probleme selbst lösen und sie beachten vor allem Vorschläge, die leistungssteigernd sind. Ihre selbst gesteckten Ziele sind mittelschwer. Interessant ist auch McClellands eigene Einstellung zu diesem Typ:

> „Manche Psychologen denken, dass ich, weil ich so viel Arbeit auf das Bedürfnis nach Leistung verwendet habe, die Art von Menschen mögen muss, die ein starkes Bedürfnis nach Leistung haben. Das stimmt aber nicht, ich finde sie langweilig. Sie sind nicht künstlerisch sensibel. Sie sind Unternehmer, irgendwie getrieben – stets darauf aus, sich zu verbessern und einen kürzeren Weg ins Büro zu finden und eine schnellere Art, ihre Post zu lesen."

Bedürfnis nach Zugehörigkeit

Menschen dieses Typs verspüren einen starken Wunsch, gemocht zu werden. Sie sind oft nicht so gut in der Lage, eine Machtposition effektiv auszufüllen. Zur Problemlösung bevorzugen sie weniger kompetente Freunde oder Bekannte vor kompetenten Fremden. Sie wollen niemandem wehtun und fühlen sich in einer gemütlichen Gruppe ohne große Konflikte am wohlsten. Dieses Verhalten kann für die Gruppenerhaltung und deren Klima sehr wichtig sein. Sie sind sehr wertvolle Teammitglieder, fühlen sich in der Führungsposition allerdings oft unwohl.

Sind sie Geschäftsleute, so sind sie manchmal deswegen erfolgreich, weil positive Beziehungen zu Geschäftspartnern durchaus für einen Abschluss wichtig sind. Auch kulturelle Unterschiede sind zu verzeichnen. So erlebten wir bei Verhandlungen im Irak, dass westliche Verhandlungspartner sehr ungeduldig wurden, wenn man nicht gleich zur Sache kam. Die orientalische

Annäherung an eine Verhandlung dauert aber einige Zeit, beinhaltet Tee und Smalltalk, um eine Beziehung aufzubauen. Wenn man das berücksichtigt, kann man allerdings sehr effizient die Probleme besprechen. Geschieht diese Beziehungspflege nicht, so werden die Ergebnisse der Verhandlung viel schlechter ausfallen.

Bedürfnis nach Macht

Obwohl diese Orientierung oberflächlich dem Bedürfnis nach Leistung ähnlich sein mag, da beide Typen etwas bewegen, ist der eigentliche Hintergrund doch ganz anders. Dem Machttypus geht es in erster Linie um die Taktik und die eigene Position und nicht um das Ergebnis an sich. Er ist offener manipulativ und übernimmt gern die Führerrolle.

McClelland unterschied darüber hinaus zwei Gesichter der Macht: die persönliche und die soziale Macht. Die persönliche Macht wird vielfach als negativ angesehen, insbesondere in den USA, wo man der Machtansammlung einer einzigen Person sehr skeptisch gegenübersteht. Deswegen ist auch niemand, nicht einmal der Präsident, vor Rechtsverfolgung sicher, auch wenn es um Kleinigkeiten geht.

Davis und andere verbanden den Machtbegriff mit Kontrolle und Kompetenz. Beide könnten als Machtmittel eingesetzt werden. Und tatsächlich halten diese Typen ihr Fachwissen oft geheim, um damit Macht ausüben zu können. Gewährt man ihnen dies, so tragen sie mit ihrer Kompetenz sehr wohl zum Ergebnis bei.

Für die Praxis bedeuten diese Ergebnisse Folgendes: Es ist von Bedeutung, eine hohe Anzahl von Mitarbeitern mit großem Bedürfnis nach Leistung zu haben. Die anderen sind ebenso wichtig, da sie oft sehr kompetent sind oder für ein gutes Gruppenklima sorgen. Um sie zur Leistung zu motivieren, sollte man

- klare, kurzfristige Ziele setzen,
- mit überschaubaren Risiken,
- mit ständiger Rückmeldung, wo sie stehen,
- die Verantwortungsbereitschaft fördern,
- die Ziele kontrollieren,
- leistungsgerecht be- und entlohnen,

- wenig tadeln und
- viel loben.

Die Mangeltheorie – Homöostase

Diese Theorie ist eine der ältesten Motivationstheorien und sieht den Menschen aus rein biologischem Blickwinkel. Motivation dient dem Ausgleich von erlebtem Mangel, wobei in der ursprünglichen Form ausschließlich physiologische Mängel gemeint waren, wie Mangel an Wasser, Nahrung, Sauerstoff, Temperatur etc. Später addierte man auch psychische Mängel.

Der Begriff Homöostase wurde erstmals 1932 von Walter Cannon verwendet und bezeichnet das Streben des Körpers nach Aufrechterhaltung eines gewissen Milieus. So beträgt die Körperkerntemperatur immer ca. 37 Grad Celsius, unabhängig davon, wie kalt oder warm die Umgebung ist. Ähnliches geschieht mit dem pH-Wert des Blutes, der Blutzuckerkonzentration etc. Kann der Körper diese Homöostase nicht mehr aus eigenen Stücken aufrechterhalten, so entsteht ein Mangel, der von außen behoben werden muss. Das Individuum ist also motiviert, alles zu tun, damit der Mangel ausgeglichen wird.

Allerdings existieren neben den physiologischen Bedürfnissen auch noch bewusste Antriebe, die sowohl von innen heraus entstehen als auch von der Umwelt initiiert werden können. Mangel entsteht also mitunter erst durch externe Reize. Mit diesem Mechanismus arbeitet die gesamte Werbebranche – denn wenn wir ehrlich sind, brauchen wir den größten Teil der beworbenen Produkte eigentlich nicht. Es bestand also kein Mangel an diesen Dingen, bevor der Reiz gesetzt wurde.

Viele Seiten übten Kritik an dieser Theorie, da diverse beobachtete Spielarten menschlichen Verhaltens damit nicht erklärbar sind. Außerdem verwehren sich viele Menschen gegen die rein biologische Betrachtungsweise des menschlichen Verhaltens. Trotzdem ist die Theorie nicht nutzlos, denn betrachtet man den Begriff Mangel etwas weiter, so ergibt sich ein wichtiger Schluss für die Motivation im Unternehmen: Erkenne die Mängel deiner Mitarbeiter und nutze diese als Motivator.

Das pathologische Modell von Manfred F. R. Kets de Vries

Zwischen vollkommen seelischer Gesundheit und offensichtlich erkennbaren Neurosen oder gar Psychosen liegt ein weites Feld mehr oder weniger pathologischer Persönlichkeitsmerkmale, so die Annahme von Kets de Vries. Somit ergeben sich für ihn fünf verschiedene pathologische Persönlichkeiten, mit denen man ihrer Eigenart entsprechend unterschiedlich umgehen muss, um sie zu motivieren. Es handelt sich dabei um den

- depressiven,
- distanzierten,
- misstrauischen,
- zwanghaften,
- narzisstisch-egozentrischen Typ.

Der depressive Typ

Er hat Schuldgefühle, glaubt, dem Schicksal passiv ausgesetzt zu sein. Schwierig zu begeistern, sieht er immer die Probleme zuerst. Fühlt sich fremdbestimmt, was ihm unangenehm erscheint. Bei ihm ist es wichtig, Sinn für die Arbeit zu geben und Erfolgsgefühle zu vermitteln. Als Kassandrarufer können seine Einwände gelegentlich hilfreich sein, sollten aber mindestens ernst genommen werden.

Der distanzierte Typ

Dieser Typ wirkt kalt, emotionslos und zurückgezogen, ist schwer zu begeistern und gleichgültig gegenüber Kritik wie Lob. Hat wenig Interesse an Vergangenheit oder Zukunft.

Der misstrauische Typ

Er sieht überall einen „Haken", ist argwöhnisch gegenüber anderen, ständig in der Defensive. Fühlt sich oft übergangen, hereingelegt oder ausgenützt. Traut niemandem. In seiner Extremform ist er sehr schwer zu motivieren, allerdings können vertrauensbildende Maßnahmen im Team Besserung herbeiführen.

Der zwanghafte Typ

Sein Verhalten ist pedantisch, zwanghaft und durch Vorliebe für das Detail charakterisiert. Er ist selten spontan, entspannt sich schlecht. Stressanfällig. Braucht Regeln und Vorschriften, um sich zurechtzufinden. Entscheidet sehr ungern, da ihm immer weitere Grundlagen dafür fehlen, so viele auch schon vorhanden sind. Gibt man ihm klare Aufgaben mit einer klaren Struktur im Team, findet er sich noch am ehesten zurecht.

Der narzisstisch-egozentrische Typ

Will die Aufmerksamkeit auf sich lenken und ist sehr stark ichbezogen. Verträgt keine Kritik, sondern möchte bewundert werden. Neigt zur Dramatik und nützt andere Menschen für seine Zwecke. Überreagiert oft und wird von der Umwelt als oberflächlich empfunden. Will man ihn als Mitarbeiter motivieren, so bedarf er viel Aufmerksamkeit und Anerkennung. Dann allerdings bringt er oft sehr gute Leistungen.

Natürlich gibt es jeden Typ in verschiedengradigen Abstufungen sowie Mischformen. Die Welt ist nun mal nicht schwarz oder weiß. Allerdings kann die Einschätzung, welcher Mitarbeiter welchem Typ am nächsten kommt, hilfreich sein, wenn es darum geht, Motivationsmaßnahmen festzulegen. Der pathologische Ansatz würde auch erklären, warum viele Theorien, die von rein rationalen Motiven ausgehen, auf gewisse Menschen einfach nicht anwendbar sind – weil pathologisches Verhalten eben nie rational ist.

Sigmund Freud und die Psychoanalyse

Obwohl es in dem vorgegebenen Rahmen unmöglich ist, die tiefenpsychologischen Aspekte der Motivation darzulegen, erscheint es uns doch als notwendig, dieses Gedankengebäude zumindest zu streifen. Der interessierte Leser sei auf die psychoanalytische Fachliteratur verwiesen.

Die bahnbrechende Leistung des Wiener Arztes Sigmund Freud war es, tabuisierte Themen öffentlich zu diskutieren und ein Modell der menschlichen Psyche zu entwickeln, das die gesamte Psychologie revolutionierte. In diesem Modell ist das sogenannte Unterbewusste enthalten, worin alle Triebe, Verdrängtes sowie verbotene Fantasien und Wünsche enthalten sind.

Dieses Unterbewusste beeinflusst nun aber das Tun und Handeln jedes Menschen, oft ohne dass er es merkt. Vereinfacht kann man nach Freud drei Ebenen der Psyche definieren: das Es, das Ich (Ego) und das Über-Ich (Alter Ego).

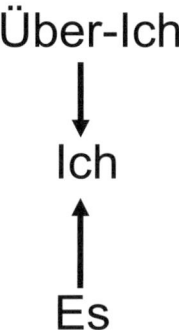

Die drei Ebenen der Psyche nach Sigmund Freud

Das *Es* ist lediglich an der Selbsterhaltung und Triebbefriedigung interessiert. Sein Gegenspieler ist gewissermaßen das Über-Ich. Freud schreibt über das Es:

> „Die Macht des Es drückt die eigentliche Lebensabsicht des Einzelwesens aus. Sie besteht darin, seine mitgebrachten Bedürfnisse zu befriedigen. Eine Absicht, sich am Leben zu erhalten und sich durch die Angst vor Gefahren zu schützen, kann dem Es nicht zugeschrieben werden. Dies ist die Aufgabe des Ichs, das auch die günstigste und gefahrenloseste Art der Befriedigung mit Rücksicht auf die Außenwelt herauszufinden hat. Das Über-Ich mag neue Bedürfnisse geltend machen, seine Hauptleistung bleibt aber die Einschränkung der Befriedigungen."

Das *Über-Ich* ist die moralische Instanz der Psyche und wird durch die Erziehung und die gesellschaftlichen und eigenen ethischen Prinzipien geformt. Es liegt in der Natur der Sache, dass die „Interessen" des Es oft im Widerspruch zu jenen des Über-Ichs stehen. Das *Ich* ist der Vermittler, der ständig einen Kompromiss zwischen Es und Über-Ich finden muss.

Es gibt nun Menschen, bei denen das Es sehr stark überwiegt und das Über-Ich sehr wenig zu sagen hat. Sie werden gemeinhin als triebhaft bezeichnet. Andere hingegen besitzen ein sehr starkes Über-Ich, welches das Es unterdrückt. Die Triebe sind dann sehr oft tief im Unbewussten versteckt, aber keineswegs verschwunden. In enthemmten oder extremen Situationen brechen sie dann oft umso intensiver hervor.

In den Anfängen unterstellte Freud alle Triebe dem Eros, dessen Energie er als Libido bezeichnete. Es handelt sich ausschließlich um Lebenstriebe. Er definiert das Ziel der Lebenstriebe folgendermaßen: „(Ihr) … Ziel ist, immer größere Einheiten herzustellen und so zu erhalten, also Bindung." In seiner späteren Lebensphase gesellte er zu den Lebenstrieben noch den Todestrieb, dessen Ziel es sei, „das Lebende in den anorganischen Zustand zu überführen". Dies geschah in erster Linie unter dem Eindruck des Ersten Weltkrieges, da das sinnlose Töten sich durch die Lebenstriebe nicht erklären ließ.

Wichtig für die Motivation ist Freuds Erkenntnis, dass „die Triebe ihr Ziel verändern können (durch Verschiebung), auch dass sie einander ersetzen können, indem die Energie des einen Triebes auf einen anderen übergeht". Viele Psychoanalytiker glauben, dass dieser Umstand den Grund für die Entstehung von Kunst und Kultur darstellt.

Für die Mitarbeitermotivation ergeben sich aus unserer Sicht daraus folgende Konsequenzen:

1. Da die Motive vom Unterbewussten beeinflusst werden, allerdings individuell unterschiedlich stark, sind rein rationale Motivationsargumente nicht ausreichend.
2. Wenn man seine Mitarbeiter sehr gut kennt, kann man unter Umständen ihre unbewussten Antriebe erkennen und sie damit motivieren.
3. Da Triebe ihr Ziel verändern können, kann man versuchen, die Energie eines ungewünschten Triebes in eine gewünschte Richtung zu lenken.
4. Mitarbeiter mit starkem Über-Ich werden nur dann motivierbar sein, wenn ihre Aufgaben im Einklang mit ihren Wert- und Moralvorstellungen stehen.

Geld motiviert, oder?

„Geld macht vielleicht nicht glücklich, aber es kann einem das Elend bestimmt erträglicher machen." – Dieses Sprichwort hat zweifelsohne seine Berechtigung. Dennoch hat der Motivator Geld sehr oft seinen gewünschten Effekt verfehlt. Warum dies so ist, wollen wir an dieser Stelle diskutieren.

Einerseits gibt es die *normale Gehaltserhöhung*. Ist sie an einen Zeitraum gekoppelt, zum Beispiel Biennalsprünge, so wird sie als selbstverständlich hingenommen und spornt wohl kaum zu mehr Leistung an. Außerdem gewöhnt man sich sehr rasch an die zusätzlichen Hunderter am Monatsende – sie sind nach ein, zwei Monaten der Freude, in denen sie auch noch bewusst wahrgenommen werden, fixer und verplanter Bestandteil. Erinnern wir uns an die Beispiele der Verstärkungstheorie. Wenn die Belohnung (Gehaltserhöhung) nur an abgesessene Zeit gekoppelt war, so wirkte sie kaum motivierend. Etwas anders stellt sich die Situation dar, wenn Gehaltserhöhungen von der Leistung abhängen. Da eine Gehaltserhöhung allerdings etwas Längerfristiges darstellt, kommt es oft vor, dass die Leistung nach erfolgter Gehaltserhöhung wieder nachlässt.

Hier können *Prämien und Bonussysteme* Abhilfe schaffen. Allerdings sollten sie wirklich mit der erbrachten Leistung korrelieren, da es sonst leicht zu Unzufriedenheit kommen kann. Erinnern wir uns an die Gleichheitstheorie von Adams: Erhält ein Kollege mehr Prämie für weniger Leistung, so sind damit alle anderen demotiviert. Und in der Tat konnten wir solche Fälle oft beobachten. Der krasseste sei hier erwähnt:

> Obwohl die staatsnahe Industrie (wir wollen keine Namen nennen) schon viele Jahre Verluste schrieb und die Mitarbeiterzahl drastisch abgebaut wurde, erhielten die Top-Führungskräfte eine fette Prämie. Man hatte in den Verträgen „vergessen", die Auszahlung der Prämie an Bedingungen zu knüpfen. Als diese Situation bei den Mitarbeitern bekannt wurde, war der Effekt sehr demotivierend, wie sich jeder vorstellen kann.

Selbstverständlich gibt es aber auch positive Beispiele. So funktioniert das Verkaufssystem durch Handlungsreisende in den meisten Branchen mittels Prämien oder prozentualem Anteil an der verkauften Stückzahl. Viele

Vertreter sind dadurch sehr wohl motiviert und kommen bei einiger Anstrengung zu einem schönen Einkommen. In vielen Jobs aber ist der Erfolg nicht leicht messbar und hier entstehen schon die ersten Probleme beim Bemessen der Prämien. Oft können Mitarbeiter im Gegensatz zu den Vertretern den Erfolg nicht direkt, manchmal überhaupt nicht beeinflussen. In solchen Fällen muss ernsthaft über die motivierende Komponente von Prämien nachgedacht werden.

Zusammenfassend kann festgestellt werden, dass das Gehalt natürlich einen wichtigen Anteil an der Gegenleistung ausmacht, die der Mitarbeiter für seine Arbeitsleistung erhält. Im Falle von drastischer Unterbezahlung wird man auch mit sehr ausgeklügelten Motivationstechniken nicht sehr viel erreichen. So gesehen ist das Gehalt ein echter Hygienefaktor im Sinne Herzbergs. Ist es nicht stimmig, so führt es zur Demotivation, ist es aber ausreichend hoch, so wirkt es noch lange nicht motivierend. Sehr starke Überbezahlung kann allerdings wiederum sehr motivieren, da der Mitarbeiter weiß, dass in jedem für ihn infrage kommenden anderen Job die Bezahlung drastisch geringer wäre, und er deswegen gut leisten wird. So sind zum Beispiel Auslands-Assignments bei multinationalen Konzernen oder etwa bei den Vereinten Nationen beliebt, weil die Bezahlung sehr hoch ist. In diesen Fällen sind die Kandidaten auch bereit, sehr viel zu leisten, da sie sich mit ein paar Jahren Arbeit ein schönes finanzielles Polster schaffen können.

Motivieren durch das Wort

Sehr oft bleibt Ihnen als Führungskraft kaum ein anderes Mittel als das Wort. Die Budgets sind ausgeschöpft, an Prämien ist nicht zu denken und nicht einmal ein Teamdinner ist möglich. Beförderungen oder andere Anerkennungsmaßnahmen sind in naher Zukunft ebenfalls nicht vorgesehen. Das Wort ist allerdings viel mächtiger, als viele Menschen glauben. Wenn Sie in gemeinsamen Besprechungen immer wieder die Richtung vorgeben, und das wenn möglich noch wortgewaltig, so wissen Ihre Mitarbeiter zumindest, wo es hingeht und wo sie gerade stehen.

Ehrlich gemeintes und fundiertes Lob freut beinahe alle Menschen. Obwohl Erwachsene keine kleinen Kinder sind, die bei jedem kleinen Fortschritt gestreichelt werden wollen, ist ehrliches Lob Feedback dafür, dass ihre

Leistung bemerkt und auch anerkannt wird. Darüber hinaus wird konstruktive Kritik viel besser angenommen, wenn ansonsten auch oft gelobt wird. Lob mit der Gießkanne von jemandem, der die Leistung gar nicht beurteilen kann, wirkt eher lächerlich, manipulativ und mitunter sogar demotivierend. So erlebten wir einmal folgende Szene bei einem deutschen Kunden:

> Wir fuhren mit einer Mitarbeiterin im Aufzug zur nächsten Etage, als ein Senior-Manager zustieg. Sogleich begann er, unsere Begleitung zu loben, was für tolle Arbeit sie in einem bestimmten Projekt geleistet habe. Nachher erzählte sie uns, dass sie an dem Projekt gar nicht beteiligt gewesen war.

Martin Luther King bewegte die Massen durch den Satz: „Ich habe einen Traum …" Julius Cäsar motivierte seine verängstigten Truppen durch Reden im Kampf gegen die körperlich überlegenen Germanen. Und Alexander der Große hielt sein enormes Heer nur durch Reden zusammen. Allerdings müssen den schönen Worten auch Taten folgen. Wenn die Worte ein wenig übertrieben haben mögen, so müssen die Taten doch zumindest in die gleiche Richtung gehen. Sonst werden die Zuhörer den Worten nach einiger Zeit keinen Glauben mehr schenken und Sie haben sich des wichtigsten Motivationsmittels beraubt. In einigen Umfragen haben wir herausgefunden, dass nicht wunderschöne Rhetorik gefragt ist, sondern ehrliche Authentizität.

Selbstmotivation

Führungskräfte müssen ihre Mitarbeiter motivieren. Wer aber motiviert die Führungskräfte?
Je weiter oben man sich in der Unternehmenshierarchie befindet, desto weniger wird man von anderen motiviert. Hier kann nur Selbstmotivation Abhilfe schaffen. Wenn von außen keine Ziele gegeben werden, ist es hilfreich, sich selbst Ziele zu stecken, an denen man sich messen kann. Zudem ist für die Selbstmotivation unbedingt notwendig, dass man seine Arbeit mag. Bereitet sie überhaupt keine Freude, ist Selbstmotivation schwer möglich.

Der Chefredakteur einer großen österreichischen Zeitung sieht es für sich als selbstverständlich an, Samstag und Sonntag zu arbeiten, da er das, was er tut, als Vergnügen betrachtet. Hier ist die Selbstmotivation durch den Arbeitsinhalt gegeben. Es ist wichtig zu ergründen, was an der eigenen Arbeit als schön und spannend erlebt wird und welche bewussten, aber auch unbewussten Bedürfnisse sich damit befriedigen lassen.

Selbsterkenntnisprozesse in Einzelarbeit, aber auch in Gruppen oder Seminaren können zur Selbstmotivation viel beitragen. Denn wenn der ROI (Return on Investment) – was ich für die Arbeit zurückbekomme – sehr hoch ist, wird man auch viele Dinge tun, die per se nicht nur Spaß machen oder angenehm sind.

Nur wenn Sie selbst motiviert sind, kann der Funke der Begeisterung auch überspringen!

Zusammenfassung des Kapitels „Motivation"

Motivation hat viele Gesichter. Gewiss jedoch ist, dass nur mit großer Motivation große Dinge vollbracht worden sind. Wir haben in diesem Kapitel eine Vielzahl von Motivationstheorien vorgestellt, weil wir der Meinung sind, dass jede einzelne von ihnen interessante Aspekte des Themas beleuchtet. Jede Theorie ist aber nur ein unvollkommenes Abbild der Realität. Und wenn es um menschliches Verhalten geht, dann stimmt dies umso mehr. Durch die große Zahl der Theorien ergibt sich, so hoffen wir, ein ziemlich vollständiges Bild menschlicher Motivation.

Nachfolgend seien die Kernaussagen der einzelnen Theorien vereinfacht zusammengefasst und daraus Grundsätze abgeleitet:

Intrinsische und extrinsische Motivation

Wenn die intrinsische Motivation für eine bestimmte Aufgabe überhaupt nicht existiert, ist es annähernd unmöglich, durch extrinsische Maßnahmen zu motivieren. Ist die intrinsische Motivation allerdings hoch, so können mit kleinen extrinsischen Verstärkern Höchstleistungen erwartet werden. Versuchen Sie also, Mitarbeiter mit hoher intrinsischer Motivation zu bekommen, technisch betrachtet könnte man es als Motivationsvorspannung bezeichnen.

Gleichheitstheorie

Der Gleichheitstheorie von Adams können wir entnehmen, dass Ungerechtigkeit im Bezahlungsgefüge sowie in der Behandlung als sehr demotivierend erlebt wird, was sich wiederum auf Qualität und Quantität der Arbeit auswirkt.

Erwartungstheorie

Vrooms Erwartungstheorie und die Weiterentwicklung von Porter und Lawler bringen neben dem Wunsch, etwas zu erreichen, erstmals die Erfüllungswahrscheinlichkeit ins Spiel. Wenn Mitarbeiter keine Chance sehen, das Gewünschte (zum Beispiel Beförderung, Prämie, Fortbildung, Aufgabe) zu erreichen, dann ist die Gesamtmotivation gering. Hängen Sie die Karotte also in eine erreichbare Höhe.

Goal-Setting-Theorie

Herausfordernde, aber realistische Ziele sind das Kernstück der Goal-Setting-Theorie. Schon Christian Morgenstern erkannte dies:

Wer das Ziel nicht weiß,
kann den Weg nicht haben,
wird im selben Kreis
all sein Leben traben.

Die Ziele müssen den Mitarbeitern bekannt sein und von ihnen auch mitgetragen werden.

Bedürfnishierarchie

Von der Bedürfnishierarchie nach Maslow kann man ableiten, dass man Menschen nur auf der Ebene motivieren kann, wo sie gerade Mangel erleben und ein Bedürfnis nach Befriedigung dieses Mangels haben. Setzt man den Hebel „Motivationsmaßnahme" am falschen Bedürfnis an, wird er nicht sehr effektiv sein. Man muss also seine Mitarbeiter dort abholen, wo sie stehen!

ERG-Theorie

Alderfers ERG-Theorie enthält viele Parallelen zu Maslow; allerdings glaubte Alderfer, dass man entlang der Bedürfnishierarchie vor- und zurückwandern könne. Wenn beispielsweise keine Chance auf Befriedigung eines Beziehungsbedürfnisses besteht, so können ersatzweise Existenzbedürfnisse herangezogen werden.

Die Theorie von McClelland

McClelland glaubte, dass ca. 10 Prozent der Menschen besonders leistungsmotiviert sind. Für sie ist interessante Arbeit ein ausreichender Motivator. Sie solle man auf keinen Fall demotivieren, sondern fördern, dann werden sie sehr gute Leistungen erbringen. Ein anderer Teil der Menschen bezieht die Motivation aus einem Bedürfnis nach Zusammengehörigkeit. Sie sind durch gute Beziehungen im Team zu motivieren.

Mangeltheorie – Homöostase

Die Mangeltheorie setzt am größten Mangel an, nach dessen Behebung das Individuum strebt. Wird zum Beispiel das Fehlen eines Fahrzeuges als großer Mangel erlebt, so kann man diesen Mitarbeiter mit einem Dienstwagen motivieren. Diese Theorie greift wohl am ehesten dann, wenn die physiologischen Bedürfnisse nicht ausreichend befriedigt sind.

Pathologisches Modell

Kets de Vries betrachtet den Menschen als mehr oder weniger neurotisch veranlagt. Je nach Art und Ausprägungsgrad der Neurose müsste man auf sie eingehen, um die Mitarbeiter zu motivieren.

Psychoanalyse

Die Psychoanalyse schließlich führt das Unbewusste in die Motivationstheorien ein. Der Mensch ist nicht nur rational, sondern wird in seinen Handlungen in großem Maße von seinem Unterbewussten beeinflusst. Je stärker dieses Unterbewusste bei einem Mitarbeiter ausgeprägt ist, desto mehr muss man sich mit seinen versteckten Motiven beschäftigen.

Motivationsgrundsätze:

1. Man kann nicht gegen das eigene Vorbild motivieren.
2. Fairness und Gleichbehandlung sind wichtig.
3. Man muss den anderen dort abholen, wo er ist – jeder ist anders zu motivieren!
4. Konsequenzen des Verhaltens sollten vorher klar sein – sowohl im positiven als auch im negativen Sinn.
5. Ambitionierte, aber erreichbare Ziele setzen – mit Zwischen-Feedback (Milestones).
6. Wenn die Vision fehlt, kann man nicht hervorragende Leistung erwarten. Geben sie der Arbeit Sinn!
7. „Hänge die Karotte in eine erreichbare Höhe."
8. Ehrliches und authentisches Lob ist der billigste Motivator!
9. Kaum ein Motiv ist rein rational begründet.

3. Kommunikation

Man kann nicht *nicht* kommunizieren!"

Paul Watzlawick

Beim Reden kommen die Leut' zam!

Sprichwort

Kommunikationsprozesse beschäftigen uns Menschen seit Jahrtausenden und immer noch scheitern wir täglich daran. Der Geschäftsführer einer großen Firma schilderte es so: „Alle meine Probleme sind Kommunikationsprobleme." Sei es im Privat- oder im Berufsleben – der Kommunikationsprozess ist eine ständige Herausforderung, durch den alle unsere Beziehungen definiert werden.

Um Kommunikation besser verstehen zu können, müssen wir uns auf die Ebene der Metakommunikation begeben, d. h. aus dem Kommunikationsprozess aussteigen, um diesen von außen beobachten und analysieren zu können. Dies ist nicht immer leicht, und ob es uns gelingt, hängt von vielerlei Faktoren ab. So spielen die zur Verfügung stehende Zeit, der Reifegrad der Beteiligten und die Ebenen des Kommunikationsprozesses eine Rolle. Versuchen wir zunächst, den Kommunikationsprozess näher zu erklären.

Der Begriff „Kommunikation" wird je nach Wörterbuch überaus unterschiedlich definiert:

- „Verbindung, Zusammenhang; Verkehr; Verständigung (zwischen Menschen)"
- „Mitteilung; Verbindung; Umgang"
- „Kontakt, Verbindung, Berührung, Anschluss, Fühlungnahme, Annäherung, Brückenschlag, Ansprache (österr.), mitmenschliche/zwischenmenschliche Beziehungen, Blickkontakt (…)"

Es muss außerdem zwischen Kommunikation und dem, was als das Kommunizierte verstanden wird – also der eigentlichen Botschaft – unterschieden werden. Hier verwenden wir den Begriff „Kommunikation" in Hinblick auf den Kommunikationsprozess als Sammelbegriff für alle enthaltenen Botschaften. Auch kann Kommunikation als Mitteilungs- bzw. als Interaktionsprozess für alle Ebenen des Inhalts verstanden werden. Die Zahl dieser Inhalte und Botschaften ist selbstverständlich nicht fix definiert, sondern unbegrenzt.

Der aus Villach in Österreich stammende Psychologe und Kommunikationsforscher Paul Watzlawick (1921–2007) prägte durch sein Buch „Menschliche Kommunikation" die gesamten Kommunikationswissenschaften. Folgende Kernaussage beleuchtet Kommunikation in ihrer Komplexität:

> „Wenn man also akzeptiert, dass alles Verhalten in einer zwischenmenschlichen Situation Mitteilungscharakter hat, d. h. Kommunikation ist, so folgt daraus, dass man, wie immer man es auch versuchen mag, nicht *nicht* kommunizieren kann. Handeln oder Nichthandeln, Worte oder Schweigen haben alle Mitteilungscharakter: Sie beeinflussen andere und diese anderen können ihrerseits nicht *nicht* auf diese Kommunikationen reagieren und kommunizieren damit selbst."

Viele von uns haben schon die Erfahrung gemacht, in einem Warteraum mit mehreren Personen zu sein, wo sich während des Wartens jeder mit etwas anderem beschäftigt, ohne dass Worte gewechselt würden. Trotzdem bilden wir uns eine Meinung über die anwesenden Personen. Unser erster Eindruck wird aufgrund des äußeren Erscheinungsbildes des anderen gebildet. Wir kommunizieren durch unsere Haltung, Kleidung, Blicke, die Zeitschrift oder das Buch in unseren Händen und viele weitere Aspekte. Der erste Eindruck ist unvermeidlich und tatsächlich aus „Vor-Urteilen" gebildet, die verworfen oder auch bestätigt werden können. All dies passiert ohne Worte, also nonverbal.

Watzlawick unterscheidet drei Teilgebiete: Syntaktik, Semantik und Pragmatik. Er beschäftigt sich hauptsächlich mit der Pragmatik, d. h. den verhaltensmäßigen Wirkungen der Kommunikation inklusive Körpersprache und andere nonverbale Aspekte. Syntaktik und die Semantik befassen sich mit den Worten und Sätzen und sind lebendige Prozesse. Syntaktik beschreibt den Satzaufbau, also die Konfiguration der Sprache. Semantik hingegen hat

Wortbedeutungen und Begriffssphären zum Thema, die sowohl einer zeitlichen als auch einer kulturellen Veränderung unterliegen.

Kommunikationsprozesse sind laut Watzlawick kreisförmig. Und so wie jeder Kreis haben sie keinen Anfang und kein Ende, sondern sind gleichzeitig die Ursache und das Verursachte: Das Verhalten von A beeinflusst jenes von B, das wiederum das Verhalten von A beeinflusst.

Die verschiedenen Ebenen der Kommunikation

An jedem Kommunikationsprozess ist zumindest ein Sender und ein Empfänger beteiligt, also wenigstens zwei Personen oder Parteien. Diese Unterteilung ist allerdings nur didaktisch anwendbar, um Kommunikation besser analysieren zu können, da in der Dynamik des Prozesses der Sender ständig auch Empfänger ist und umgekehrt. Außerdem passiert Kommunikation auf mehreren Ebenen, die parallel laufen, wodurch nicht immer klar ist, wer zu welchem Zeitpunkt Sender und wer Empfänger ist.

Watzlawick beschreibt zwei Ebenen der Kommunikation, nämlich den Sachinhalt und die Beziehungsebene. Friedemann Schulz von Thun fächert die Beziehungsebene in drei weitere Ebenen auf: Selbstoffenbarung, eigentliche Beziehung und Appell. Daraus ergeben sich vier Ebenen der Kommunikation, die an folgendem sehr klischeehaftem Beispiel veranschaulicht werden sollen:

„Siegfried" (Sender) kommt nach der Arbeit nach Hause und möchte ein Bier während des Fußballspiels genießen. Er macht den Kühlschrank auf und stellt fest, dass keines mehr da ist. Er sagt zu seiner Frau „Elli" (Empfänger):
„Elli, es ist kein Bier im Kühlschrank!"

Am Beispiel dieser einfachen Kommunikation erkennen wir verschiedene Botschaften:

Sachinhalt

Verbaler Aspekt der Kommunikation. Er zeigt, worüber informiert wird. Es geht um die Sache, um den informativen Inhalt, der in Worten einer bestimmten Sprache ausgedrückt wird. Angenommen, dass sowohl Sender als auch Empfänger derselben Sprache mächtig sind, sollte der Sachinhalt verstanden werden. Durch den Sachinhalt unseres Beispiels erfährt Elli einfach die Tatsache, dass kein Bier im Kühlschrank ist.

Beziehungsebene

Nonverbaler Aspekt der Kommunikation. Nach Watzlawick handelt es sich um alle anderen Informationen, die etwas über die Beziehung zwischen Sender und Empfänger verraten und die durch andere Aspekte außer den Worten vermittelt werden. Einige Beispiele sind: Stimme, Melodie der Sprache, Ton, Körpersprache, persönliche Zeichen (zum Beispiel Kleidung, Höflichkeit, Parfüm, Sauberkeit etc.), Mimik und Gestik, Dialekt, Soziolekt. In der schriftlichen Kommunikation sind die nonverbalen Aspekte durch Zeichen wie die Qualität des Papiers, Handschrift, Farbe, Schriftart etc. bemerkbar.

Nach Schulz von Thun beeinflusst die Art der Beziehung von Sender und Empfänger den Verlauf der Kommunikation zwischen ihnen. Es sind im Grunde zwei wichtige Informationen enthalten: Was der Sender vom Empfänger hält und wie der Sender seine Beziehung zum Empfänger sieht, also Du- bzw. Wir-Botschaften. Dazu Schulz von Thun:

> „Eine Nachricht senden heißt auch immer, zu dem Angesprochenen eine bestimmte Art von Beziehung auszudrücken. Streng genommen ist dies natürlich ein spezieller Teil der Selbstoffenbarung. Jedoch wollen wir diesen Beziehungsaspekt als davon unterschiedlich behandeln, weil die psychologische Situation des Empfängers verschieden ist: Beim Empfang der Selbstoffenbarung ist er ein nicht selbst betroffener *Diagnostiker* (‚Was sagt mir deine Äußerung über dich aus?'), beim Empfang der Beziehungsseite ist er selbst betroffen (…).“

Selbstoffenbarung

Was der Sender über sich durch verbale und nonverbale Aspekte verrät. Welche Sprache er wählt, wie er etwas sagt, in welchem Ton, seine Gestik und Mimik etc., das alles hat mit ihm zu tun. Laut Schulz von Thun enthält die Selbstoffenbarung die sogenannte Ich-Botschaft. Es geht also um Befindlichkeit und Wünsche des Senders. Dadurch wird der aufmerksam zuhörende Empfänger einiges über den Sender erfahren und kann so den weiteren Verlauf des Kommunikationsprozesses beeinflussen.

In unserem Beispiel kann „Siegfried" Verschiedenes ausgedrückt haben: Er will unbedingt ein Bier und könnte verärgert gewesen sein, dass keines da ist und deswegen im groben Ton gesprochen haben. Vielleicht hatte er einen schlechten Tag und lädt diese Energie in dem Gespräch mit seiner Frau ab. Seine Reaktion könnte aber auch ganz anders ausfallen. Er könnte sich eventuell für ein anderes Getränk entscheiden oder selbst in den Supermarkt um die Ecke gehen, um das gewünschte Bier zu besorgen. All das hängt von seiner Persönlichkeit ab sowie von seiner Tagesverfassung, von der Wichtigkeit, die er der Situation beimisst, von der Art der Beziehung, die er zu seiner Frau hat. „Elli" kann Verschiedenes antworten und dadurch ebenfalls etwas über sich offenbaren, das wiederum eine Reaktion von „Siegfried" hervorruft. „Siegfried" könnte durch seinen Satz auch Folgendes ausgedrückt haben: „Ich weiß, dass du keine Zeit für das Einkaufen gehabt hast, weil du so lange arbeiten musstest."

Du-Botschaft wäre in diesem Fall: „Ich habe Verständnis für deine Situation." Wir könnten hier spekulieren, dass er eine gute Beziehung zu „Elli" hat und sich deswegen verständnisvoll zeigt. Dies wäre die Wir-Botschaft, die etwas über ihre Beziehung aussagt.

„Du bist dafür zuständig, dass mein Bier im Kühlschrank ist. Du bist eine schlechte Ehefrau." Damit zeigt er „Elli", was er von ihr hält und welche Rolle er ihr zuteilt bzw. was er von ihr erwartet (Du-Botschaft). Vielleicht handelt es sich hier um eine etwas gespannte Beziehung zwischen beiden (Wir-Botschaft).

Bei Annahmen ist immer Vorsicht geboten, da wir sehr viel hineininterpretieren können, was nur mit uns selbst bzw. mit unserer Wahrnehmung zu tun hat. Gegebenenfalls können diese Annahmen zu Missverständnissen und Konflikten führen.

Selbstverständlich können wir dieses Spiel beliebig weiterführen und verschiedene Nuancen der Beziehung von „Siegfried" mit „Elli" erläutern – je nachdem, wie viel Information wir dazu haben.

In der Praxis wäre es wichtig, in unseren Beziehungen darauf zu achten, welche Botschaften durch die verbale und nonverbale Kommunikation für uns selbst relevant sind. Nur so können wir darüber reflektieren und unsere privaten und beruflichen Beziehungen günstiger gestalten. Das erfordert von uns ein hohes Maß an Selbstkenntnis und Selbstdisziplin, weil unsere eigene Persönlichkeit, Lebenserfahrung, Tagesverfassung usw. unsere Wahrnehmung und somit die empfangene Botschaft färben. Dadurch kann die gesendete Botschaft erheblich von der empfangenen abweichen. Die Grenze zwischen dem, was mir gehört oder nur mit mir zu tun hat, und dem, was vom anderen kommt, ist nicht immer klar zu erkennen – auch wenn dies banal und selbstverständlich erscheinen mag.

Appell

Wozu der Sender den Empfänger veranlassen möchte bzw. was er vom Empfänger wünscht. In unserem Beispiel könnte der Appell von „Siegfried" an „Elli" sein: „Bitte kümmere dich um mich! Sorge dafür, dass ich ein Bier bekomme!"

Der Appell kann auch manipulativ verwendet werden, indem der Sender Einfluss auf den Empfänger nimmt oder zu nehmen versucht, vor allem in einer Win-Lose-Beziehung. Auch hier sind aufmerksames Zuhören und ein hoher Grad an Selbstkenntnis ausschlaggebend, um bewusst entscheiden zu können, ob man dem Appell nachgibt oder nicht. In symbiotischen Beziehungen wird dies selten durchschaut und auch nicht bearbeitet, was zu einer missverständlichen Situation führen kann.

Die Kommunikationsebenen sind in folgender Grafik veranschaulicht (Seite 97). Was glauben Sie, welcher Ebene wir mehr glauben, wenn sich diese widersprechen? Wenn also zum Beispiel der Inhalt todtraurig ist, Mimik und Sprachmelodie aber eher an das Rezitieren eines Witzes erinnern? Oder der Inhalt eine hochemotionale Botschaft wie „Ich liebe dich" vermittelt, die andere Ebene aber Gefühllosigkeit ausstrahlt und ein Befehlston angewandt wird?

Sie haben richtig geraten! Im Zweifel glauben wir der Inhaltsebene am wenigsten.

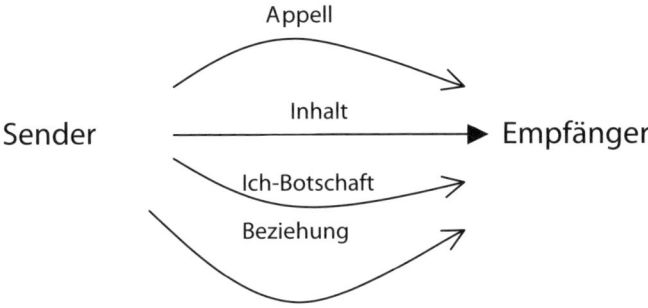

Für das Führen bedeutet diese Erkenntnis, dass Sie umso mehr Erfolg haben werden, je authentischer Sie kommunizieren. Es ist ausgezeichneten Schauspielern vorbehalten, alle vier Ebenen im Einklang zu halten, wenn man nicht wirklich meint, was man sagt.

Digitale und analoge Kommunikation

Die Unterscheidung zwischen digitaler und analoger Kommunikation wurde von Watzlawick getroffen, um weitere Ebenen der Kommunikation zu veranschaulichen:

> „Es gibt grundsätzlich verschiedene Weisen, in denen Objekte dargestellt und damit zum Gegenstand der Kommunikation werden können. Sie lassen sich entweder durch eine Analogie (zum Beispiel eine Zeichnung) ausdrücken oder durch einen Namen."

Die menschliche Kommunikation durch Wörter könnte als diese „Namen" bezeichnet werden oder eben als digitale Kommunikation. Die analoge Kommunikation, die „Zeichnungen", wäre nichts anderes als alle andere Signale, die wir im Kommunikationsprozess senden. Jene Zeichen nennen wir Körpersprache, die in unserer Gestik, Mimik, Stimme etc. ausgedrückt wird.

Als wir von einer Seminarteilnehmerin einen Bericht über ein für sie sehr prägendes emotionales Erlebnis hörten, beobachteten alle Anwesenden, wie ihre Mimik sich vom Sachinhalt unterschied. Sie erzählte über den ein Jahr zurückliegenden Tod ihres Schwiegervaters mit einem Lächeln und fröhlicher Stimme. Es gab also einen bemerkenswerten Unterschied zwischen den analogen und den digitalen Aspekten der Kommunikation bzw. zwischen der Beziehungsebene (Körpersprache) und dem Sachinhalt. Wem glauben wir mehr: dem Gesagten oder dem Gezeigten? Die Kongruenz, also die Deckung, zwischen dem Sachinhalt und der Beziehungsebene macht die Glaubwürdigkeit des Kommunizierten aus. In Mexiko heißt es: „Mas vale un hecho que cien palabras." („Eine Tat ist mehr wert als hundert Worte.)

Es ist vermutlich nicht zielführend, die Bedeutung verschiedener Gesten wie in einem Rezeptbuch zu beschreiben, zumal sich menschliches Verhalten nicht so einfach verallgemeinern lässt. Viel wichtiger ist es zu erkennen, dass die analoge Kommunikation mehrere Bedeutungen haben kann, je nach Kontext. Gekreuzte Arme können ein Signal der Abweisung sein, eine bequeme Position kann die Erschöpfung einer müden Person ausdrücken. Manche Menschen werden laut, wenn sie unsicher oder unruhig sind, andere in derselben Situation verhalten sich leise und ziehen sich zurück. Unzählige Beispiele könnten hier genannt werden. Alle sind ausschließlich von unserer Persönlichkeit, Lebensgeschichte, Kultur und auch von unseren Absichten abhängig. Analoge Kommunikation kann – so wie die digitale – auch manipulativ eingesetzt werden.

Um dies zu durchschauen, braucht es viel Erfahrung, Selbstkenntnis sowie die Fähigkeit zum Fragen, Zuhören und Beobachten. Durch Fragen werden andere Aspekte der Botschaft durchleuchtet, die von Bedeutung für unsere Meinung sein können. Zuhören ist wichtig, wenn wir vom anderen wirklich etwas erfahren und nicht in unserem eigenen Selbst stecken bleiben wollen. Es ermöglicht den Zugang zum anderen. Durch das Beobachten können wir die Harmonie oder Disharmonie zwischen analoger und digitaler Information erkennen, bewerten und unsere Reaktion entsprechend anpassen.

Ein weiteres Beispiel wäre das Marketing für Produkte, die jene Wirkung versprechen, die sie nicht bewirken können:

> In einem Kaufhaus gab es eine Seife für etwa 2 Euro zu kaufen. Im zweiten Stock desselben Kaufhauses wurde die gleiche Seife mit

einem Schild „Schönheitsseife" angeboten und für ca. 5 Euro verkauft. Der Verkaufserfolg der teureren „Schönheitsseife" war größer!

Eine andere Firma verkauft ihr Joghurt durch die Werbung „Für Ihr tägliches
Wohlbefinden". Dieses Joghurt kann zwar zum Wohlbefinden eines Men-
schen beitragen, sicherlich aber nicht alleinige Ursache dafür sein.
Das nächste Beispiel liefert eine große Schweizer Lebensmittelfabrik, deren
Namen wir aus verständlichen Gründen nicht nennen können:

> Um die Wirtschaftlichkeit war es nicht zum Besten bestellt und
> vielen Mitarbeitern wurden gekündigt. Dem verbleibenden Personal
> wurde ständig gesagt, dass sie sparen müssten. Allerdings hatte sich
> der Geschäftsführer gerade einen neuen, sehr teuren Direktionswa-
> gen bestellt. Und dies, obwohl der alte noch in gutem Zustand war.

Die digitale Information „Es ist notwendig zu sparen, um das Unternehmen
zu retten" wurde durch die analog vermittelte Botschaft „Neues Auto"
persifliert bzw. in eine andere Botschaft verwandelt: „Ihr müsst sparen, damit
ich mit dem teuren Wagen fahren kann …" Wie sich diese widersprüchliche
Kommunikation auswirkt, können Sie im Kapitel „Motivation" nachlesen.

Zuhören

> Ich höre gerne zu. Ich habe viel gelernt durch aufmerksames
> Zuhören. Die meisten Menschen hören nie zu.
>
> *Ernest Hemingway*

Je höher Menschen auf der Hierarchieleiter emporsteigen, desto mehr geht
die Fähigkeit verloren, zuzuhören. Dies ist in mehrerlei Hinsicht tragisch, da
sie sich selbst um viel Information und Feedback bringen und es den anderen
schwer machen, mit ihnen wirklich zu kommunizieren. Viele Untersuchungen haben gezeigt, dass sich eine Aufteilung der Redezeit in 30 Prozent
Informationsweitergabe, 20 Prozent Fragen und 50 Prozent Zuhören als
optimal erwiesen hat. Denken wir als Negativbeispiel an einen Personalleiter,

der beim Bewerbungsinterview den Großteil der Redezeit in Anspruch nimmt und auf diese Weise nichts vom jeweiligen Bewerber erfährt.

Mit folgendem Fragebogen können Sie überprüfen, wie ausgeprägt Ihre Fähigkeit zum Zuhören ist. Die Liste der Fragen ließe sich beliebig erweitern. Auch das Überlegen anderer Fragen zu diesem Thema und diese zu beantworten wäre hilfreich, Ihre Fähigkeit zuzuhören zu verbessern.

Fragebogen: Kann ich zuhören?

a) Füllen Sie selbst folgenden Fragebogen aus.

b) Bitten Sie eine (oder mehrere) Vertrauensperson(en), diesen Fragebogen über Sie auszufüllen, und vergleichen Sie die Ergebnisse. (Hierbei ist das Wort „ich" jeweils mit Ihrem Namen zu ersetzen.)

1. Vertrage ich Feedback?	0 1 2 3 4 5 6 7 sehr oft nie
2. Unterbreche ich den Gedankenfluss des anderen?	0 1 2 3 4 5 6 7 sehr oft nie
3. Kann ich zuhören, wenn mir andere Fakten schildern?	0 1 2 3 4 5 6 7 sehr oft nie
4. Kann ich zuhören, wenn mir andere Gefühle schildern?	0 1 2 3 4 5 6 7 sehr oft nie
5. Wechsle ich das Thema, ohne es auf mich wirken zu lassen, wenn es mir zu heikel erscheint?	0 1 2 3 4 5 6 7 sehr oft nie
6. Vermeide ich um jeden Preis einen Konflikt?	0 1 2 3 4 5 6 7 sehr oft nie
7. Stelle ich offene Fragen?	0 1 2 3 4 5 6 7 sehr oft nie

8. Geben meine Fragen dem anderen Raum, über seine Position nachzudenken?	0 1 2 3 4 5 6 7 sehr oft nie
9. Lasse ich den anderen meine Gefühle bzw. meine Position erfahren?	0 1 2 3 4 5 6 7 sehr oft nie
10. Wirke ich moralisierend?	0 1 2 3 4 5 6 7 sehr oft nie
11. Beobachte ich die Körpersprache des anderen?	0 1 2 3 4 5 6 7 sehr oft nie
12. Harmoniert meine eigene Körpersprache mit dem, was ich sage?	0 1 2 3 4 5 6 7 sehr oft nie
13. Verrät meine Körpersprache, dass ich mit Körper und Seele beim Gespräch bin?	0 1 2 3 4 5 6 7 sehr oft nie
14. Wirke ich vertrauenswürdig?	0 1 2 3 4 5 6 7 sehr oft nie
15. Erinnere ich mich an frühere Gespräche mit derselben Person?	0 1 2 3 4 5 6 7 sehr oft nie
16. Schaue ich dem anderen während des Gesprächs in die Augen?	0 1 2 3 4 5 6 7 sehr oft nie
17. Kann ich mit dem Schweigen des anderen umgehen?	0 1 2 3 4 5 6 7 sehr oft nie
18. Wenn der andere schweigt, habe ich ein Bedürfnis, etwas zu sagen, um die Leere zu füllen.	0 1 2 3 4 5 6 7 sehr oft nie

19. Während der andere etwas sagt, denke ich nach, was ich demnächst sagen werde.	0 1 2 3 4 5 6 7 sehr oft nie
20. Habe ich das Bedürfnis, mich zu verteidigen?	0 1 2 3 4 5 6 7 sehr oft nie

Barrieren einer effektiven Kommunikation

Damit beim Empfänger auch wirklich das ankommt, was der Sender gemeint hat, sind viele Voraussetzungen nötig, oder – um es anders zu formulieren – es gibt sehr viele Hindernisse. Diese möchten wir hier diskutieren:

Sprache

- Vokabular: Ist der Wortschatz der Beteiligten zu unterschiedlich?
- Formulierung (Klarheit der Ausdrücke, Grammatik, Länge der Sätze etc.)
- Persönliche Unterschiede zwischen Sender und Empfänger (Bildung, Muttersprache oder nicht, kulturell bedingte Unterschiede etc.)
- Denotative bzw. objektive Bedeutung (entspricht der Inhaltsebene)
- Konnotative bzw. emotionale Bedeutung (entspricht der Beziehungsebene)
- Genauigkeit der vermittelten Informationen
- Indirekte Behandlung des Themas
- Abstraktheitsgrad des Themas

Psychologische Verfassung des Senders bzw. des Empfängers

- Ist sie/er depressiv?
- Hat sie/er Angst?
- Hat eine vorherige Erfahrung prägend gewirkt?
- Interkulturelle Unterschiede
- Geschlechtsspezifische Unterschiede – Männer kommunizieren anders als Frauen.

Physiologische Barrieren beim Sender und/oder Empfänger

- Hunger
- Durst
- Müdigkeit
- Leistungstief im Biorhythmus
- Schwerhörigkeit oder andere Behinderung, die das Sprechen/Hören der Gesprächspartner beeinträchtigen kann
- Erotische Anziehung oder Abstoßung
- Gesprächspartner leidet unter Schmerzen.

Physische Barrieren

- Störender Lärm (Rasenmäher, Gesprächskulisse, Verkehr etc.)
- Unterbrechende Telefonate
- Hitze oder Kälte des Raums
- Räumliche Entfernung der Gesprächspartner
- Fernseher oder Radio im Hintergrund können den Gesprächsfluss stören.
- Tische zwischen den Gesprächspartnern

Wirken Sie gegen die Barrieren der effektiven Kommunikation

- Mit emotionaler Intelligenz sich in der Lage des anderen versetzen. Wissen, wie man wem in welchem Moment was kommuniziert.
- Maßnahmen treffen, damit die Umgebung nicht zum Störfaktor wird. Barrieren der Kommunikation erkennen und etwas dagegen unternehmen – zum Beispiel den Mitarbeiter nicht genau in der Mittagszeit zu einem wichtigen Gespräch einladen, wenn er sich schon auf das Mittagessen freut. Die Lösung wäre beispielsweise, das Gespräch in einem Restaurant zu führen.
- Wiederholen: Bei wichtigen Inhalten einfach das vom Gesprächspartner Gesagte in eigenen Worten formulieren. Damit hat man für sich selbst die Kontrolle, alles richtig verstanden zu haben. Der Gesprächspartner kann korrigieren, da er ja hört, wie die Botschaft angekommen ist.

Das folgende Beispiel zeigt, was herauskommt, wenn bei jedem Kommunikationsschritt die Botschaft ein wenig verändert wird:

Die vollkommene Information

Das technische Vorstandsmitglied eines Industriebetriebes zum Produktionsleiter:

„Morgen um 9 Uhr findet eine Sonnenfinsternis statt. Also etwas, das man nicht alle Tage sehen kann. Veranlassen Sie, dass sich die Belegschaft in Ausgehkleidung draußen dieses Ereignis ansieht. Die Erläuterungen zu dem seltenen Ereignis werde ich selbst bei der Beobachtung geben. Wenn es regnet, werden wir es nicht gut sehen können. Die Belegschaft begibt sich dann in den Speisesaal."

Der Produktionsleiter zum Betriebsleiter:

„Auf Anweisung des technischen Vorstandes findet morgen um 9 Uhr eine Sonnenfinsternis statt. Wenn es regnet, werden wir sie auf dem Werkshof in Ausgehkleidung nicht gut sehen können. In diesem Fall führen wir das Verschwinden der Sonne im Speiseraum durch. Also etwas, das man nicht alle Tage sehen kann."

Der Betriebsleiter zum Betriebsabteilungsleiter:

„Auf Anweisung des Vorstandes wird morgen um 9 Uhr in Ausgehkleidung das Verschwinden der Sonne im Speiseraum durchgeführt. Der Vorstand gibt Anweisung, ob es regnen soll; also etwas, das man nicht alle Tage sehen kann."

Der Betriebsabteilungsleiter zum Gruppenleiter:

„Wenn es morgen im Speiseraum regnet, also etwas, das man nicht alle Tage sieht, verschwindet um 9 Uhr unser Vorstand in Ausgehkleidung."

Der Gruppenleiter zu den Kollegen:

„Morgen um 9 Uhr soll unser Vorstand verschwinden. Schade, dass man das nicht alle Tage zu sehen bekommt."

Feedback

> Ich wusste nicht, was ich sagte, ehe ich deine Antwort gehört
> hatte.
>
> *Norbert Wiener*

Wie können wir sicher sein, dass jene Botschaft, die wir senden möchten, auch angekommen ist? Fragen und Feedback sind wichtige Instrumente nicht nur für Führungspersonen, sondern auch im Privatleben. Sie helfen uns zu erfahren, woran wir sind, ermöglichen das Korrigieren von Missverständnissen und klären Beziehungen. Erfolgreiche Führungskräfte machen das Feedback-Einholen zur Gewohnheit.

Durch Feedback wird uns ein Spiegel vorgehalten und wir können unser eigenes Verhalten durch die Reaktionen der anderen beobachten. Hinweise dazu geben uns die Bemerkungen der Gesprächspartner, ebenso ihre Körpersprache. Diese kann sich von der verbalen Botschaft unterscheiden. Es bedarf aufmerksamen Beobachtens und eines hohen Grades an Selbsterkenntnis, um diese Unterschiede zu erkennen.

Das Selbstbild wird mit dem Fremdbild verglichen, eine große Überlappung bzw. Übereinstimmung ist vorteilhaft. Wenn wir nämlich von uns selbst ein gänzlich anderes Bild haben, als wir von den anderen gesehen werden, sind wir ständig im Blindflug unterwegs. Wir werden Handlungen begehen, die vom Umfeld nicht verstanden werden. Hans Christian Andersens Märchen vom Kaiser und seinen neuen Kleidern ist ein vorzügliches Beispiel:

> Da der Kaiser nie ehrliches Feedback erhält, merkt er gar nicht, dass
> er nackt ist. Erst ein kleiner Junge ruft schließlich aus: „Der Kaiser ist
> ja nackt!"

Ja, von Kindern und Narren kann man die Wahrheit erfahren. Und eigene Kinder sind die brutalsten, aber auch besten Feedback-Geber. Dazu die folgende Darstellung:

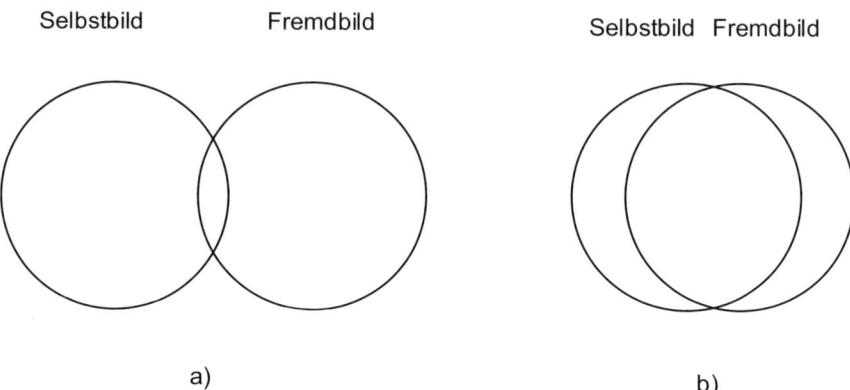

Selbstbild   Fremdbild   Selbstbild Fremdbild

a)   b)

Deckung von Fremdbild und Selbstbild: a) geringe Deckung, schlechte Kommunikation; b) große Deckung, weniger Missverständnisse, gute Kommunikation.

Je größer die Überlappung zwischen Selbst- und Fremdbild, desto wahrscheinlicher ist, dass das Kommunizierte bzw. Wahrgenommene der Realität entspricht. Unser Verhalten gibt etwas über unsere Persönlichkeit preis (siehe Abschnitt „Johari-Fenster" ab Seite 114). Daraus konstruiert sich der andere ein Bild über uns. Indem er uns dies mitteilt, können wir unser Verhalten bestätigen bzw. korrigieren. „Erkenne dich selbst" ist der Rat des Orakels von Delphi (mehr darüber im Kapitel „Sozio-emotionale Intelligenz").

Erfolgreiche Führungskräfte greifen immer wieder zu Feedback-Techniken, um das Selbstbild mit dem Fremdbild zu vergleichen bzw. zu prüfen. Damit stellen sie auch fest, ob der kommunizierte Inhalt so wie beabsichtigt angekommen ist. Ein Beispiel für eine solche Führungskraft ist der bereits erwähnte Sam Walton, Gründer und Geschäftsführer der amerikanischen Handelskette Wal-Mart, heute mit über einer Million Mitarbeitern. Hier nochmals seine Vorgehensweise:

Walton fing mit einem kleinen Warenhaus an, das bald mehrere Filialen hatte. Er machte es sich zur Gewohnheit, seine Filialen regelmäßig zu besuchen, um von so vielen Mitarbeitern wie möglich Feedback zu erhalten. Dazu muss man wissen, dass die Filialen 24 Stunden pro Tag geöffnet sind. Also erschien er zu jeder erdenklichen Tages- und Nachtzeit in einem seiner Geschäfte und fragte die anwesenden Mitarbeiter: „Was kann ich tun, damit du erfolgreicher arbeiten kannst?" Er notierte sich alle Vorschläge und meldete den einzelnen Mitarbeitern zurück, ob und wann ihre Idee umgesetzt wird.

Was ist Feedback?

Feedback ist die Mitteilung an eine Person, die sie darüber informiert, wie ihre Verhaltensweisen von anderen wahrgenommen, verstanden und erlebt werden. Das mögliche Maß und die Wirksamkeit des Feedbacks werden weitgehend bestimmt von dem Maße des Vertrauens in der Gruppe und zwischen den jeweils betroffenen Personen.
Die positiven Wirkungen des Feedbacks:

a) Es *verstärkt* positive Verhaltensweisen.
   Beispiel: „Durch deine klare Analyse hast du uns geholfen, das Problem deutlicher zu sehen."
b) Es *korrigiert* Verhaltensweisen, die dem Betreffenden und der Gruppe nicht weiterhelfen.
   Beispiel: „Es hätte mir geholfen, wenn du mit deiner Meinung nicht zurückgehalten, sondern sie offen gesagt hättest."
c) Es *klärt* die Beziehungen zwischen Personen und hilft, den anderen besser zu verstehen.
   Beispiel: „Harald, ich dachte, wir könnten nicht zusammenarbeiten, aber nun sehe ich, dass wir uns sehr gut verstehen."

Wenn alle Gruppenmitglieder (inklusive Führungskräfte) zunehmend bereit sind, sich gegenseitig solche Hilfen zu geben, wachsen die Möglichkeiten des Voneinander-Lernens in erheblichem Maße. Nur auf diesem Wege ist es nämlich wahrscheinlich, die Fremdwahrnehmung mit der Selbstwahrnehmung systematisch zu vergleichen. Emotionale Intelligenz (siehe ab Seite 211) ist nötig, um zu wissen, wem man was, wie und wann sagt, damit dieses Feedback auch effektiv sein kann.

So soll gutes Feedback sein

Beschreibend, nicht bewertend

Indem man einfach seine eigene Reaktion beschreibt, lässt man dem anderen die Freiheit, diese Information anzunehmen oder nicht. Durch das Beschreiben gebe ich dem anderen die Möglichkeit, ohne Gesichtsverlust zu verstehen, wie sein Verhalten auf mich gewirkt hat. Wenn ich mich der moralischen Bewertung enthalte, ist der andere nicht genötigt, sich zu rechtfertigen. Dem anderem bleibt auch die Möglichkeit offen, darauf zu reagieren. Beispiel:

> „In unserer letzten Sitzung hast du 30 von den 40 Minuten für dich beansprucht." Oder: „Als du über unseren Entscheidungsfindungsprozess der ganzen Gruppe berichtetest, hast du dieses und jenes über meine persönliche Erfahrung erzählt, ohne es mit mir vorher abgesprochen zu haben ..."

Detailliert, nicht allgemein

Dadurch kann der Feedback-Empfänger den Kontext des Feedbacks verstehen und deswegen auch besser verarbeiten. Beispiel:

> Wenn ich jemandem sage: „Du bist dominierend!", so hilft ihm das wahrscheinlich weniger, als wenn ich sage: „Während dieses Entscheidungsprozesses hast du nicht auf andere gehört und ich hatte das Gefühl, dass mir keine andere Wahl blieb, als dir zuzustimmen oder von dir angegriffen zu werden."

Angemessen

Feedback soll nicht nur die Bedürfnisse des Feedback-Gebers berücksichtigen, sondern die Hauptaufmerksamkeit sollte den Bedürfnissen und Wünschen dessen gelten, der Feedback empfängt. Sonst kann das Feedback destruktiv wirken. Beispiel:

In einem Hotelbetrieb verteilte der Direktor übermäßig viel Feedback, ohne jene Mitarbeiter zu kennen, die das Lob bekommen haben. Dies ist öfter als unehrlich verstanden worden.

Anwendbar

Das Feedback soll sich auf Verhaltensweisen beziehen, die der Empfänger zu ändern fähig ist. Sonst fühlt er sich nur umso mehr frustriert. Beispiel:

„Bist du aber groß, du wirst sicher schwer einen Mann finden!" Dieses Feedback ist kein Witz, sondern wirklich gegenüber einer Verwandten gegeben worden, wenngleich völlig überflüssig.

Erbeten, nicht aufgezwungen

Das Feedback ist dann am wirksamsten, wenn der Empfänger selbst die Frage gestellt hat, auf welche die Beobachter ihm antworten. Dies gilt vor allem für unangenehmes Feedback. Unnötige Konflikte können dadurch vermieden werden. Es kann auch passieren, dass der Empfänger noch nicht „reif" für das Feedback ist. Außerdem kann nicht erbetenes Feedback durchaus negative Konsequenzen für den Feedback-Geber haben. Als Vorgesetzter werden Sie dennoch gelegentlich unerbetenes Feedback geben müssen.

Zur rechten Zeit

Feedback ist am wirksamsten, wenn es unmittelbar auf das gezeigte Verhalten erfolgt. Es muss jedoch Rücksicht auf die Bereitschaft dieser Person genommen werden, solche Informationen anzunehmen, auf mögliche Unterstützung von anderen usw. Natürlich ist auch die Hitze des Gefechts nicht der richtige Moment für Feedback.

Verständlich

Wer Feedback gibt, soll nachprüfen, ob der Empfänger die Information so verstanden hat, wie sie gemeint war.

Stichhaltig

Wenn das Feedback in einer Gruppe gegeben wird, haben sowohl die Geber als auch die Empfänger des Feedbacks die Möglichkeit, die mitgeteilte Beobachtung nachzuprüfen, indem auch die anderen Mitglieder der Gruppe nach Eindrücken gefragt werden. Dadurch werden Einseitigkeiten korrigiert. Eine Einzelmeinung ist wichtig, aber erst wenn sie von vielen geteilt wird, hat sie besonderen Aufforderungscharakter für den Feedback-Empfänger. Beispiel:

> Wenn eine einzige Person mich als arrogant empfindet, alle anderen jedoch nicht, so hat das vielleicht mehr mit dieser Person als mit mir zu tun. Wenn mir allerdings viele Menschen meiner Umgebung das Feedback geben, arrogant zu wirken, sollte ich ernsthaft darüber nachdenken, ob ich das will. Wenn dem nämlich nicht so ist, müsste ich mein Verhalten ändern.

Hilfestellung für wirksames Feedback

1. Beziehen Sie sich auf beobachtbare Tatsachen. Konzentrieren Sie sich jeweils auf *eine* konkrete Sache bei jedem Feedback. Dadurch bleibt dem Feedback-Empfänger die Möglichkeit, darüber zu reflektieren und daraus eventuell auch Konsequenzen zu ziehen.
2. Unterwerfen Sie Ihre Beobachtungen der Nachprüfung durch andere.
3. Geben Sie die Information auf eine Weise, die wirklich hilft.
4. Geben Sie Feedback so bald wie möglich.
5. Bieten Sie Ihre Informationen an, zwingen Sie diese nicht auf. Und geben Sie zu, dass Sie sich möglicherweise auch irren.

Anmerkung für denjenigen, der Feedback erhält

1. Zuhören und auf sich wirken lassen
2. Nicht argumentieren
3. Nicht verteidigen
4. Klären bzw. überprüfen
5. Verarbeiten

Feedback kann im Grunde immer und überall gegeben werden. Wenn eine Feedback-Kultur aber erst eingeführt werden soll, empfiehlt es sich, Feedback zu institutionalisieren, also zum Beispiel jeden Morgen, bei jeder Abteilungsbesprechung etc. eine Feedback-Runde einzuführen.

Man kann das Feedback-Geben in der Anfangsphase vereinfachen, indem man sich an einen Fragebogen hält und die Beurteilung besonders dort diskutiert, wo es große Abweichungen vom Selbstbild gibt. Das heißt, dass als erster Schritt jeder den Fragebogen über sich selbst ausfüllt (Selbstbild) und dann den gleichen Bogen von den anderen über sich ausfüllen lässt (Fremdbild). Auf diese Weise erhält man von jedem in der Gruppe strukturiertes Feedback und gibt im Gegenzug auch jedem ein solches. Sehr wichtig ist die Diskussion mit dem Feedback-Geber, wann und warum er/sie uns so erlebt hat. Der Fragebogen dient somit vor allem als „Eisbrecher", um den Feedback-Prozess in Gang zu bringen.

Es existieren unzählige Varianten solcher Fragebögen. Einen, mit dem wir sehr gute Erfahrungen gemacht haben, finden Sie untenstehend. Sie können ihn kopieren und gleich morgen anwenden.

Fragebogen: Selbstbewertung des Verhaltens in der Arbeitsgruppe Stufen Sie sich selbst auf den folgenden Skalen ein:		
1. Wie drücke ich meine Gedanken aus?	0 1 2 3 4 5 6 7	
	sehr unklar	außerordentlich klar
2. Wie höre ich anderen zu?	0 1 2 3 4 5 6 7	
	mit wenig Verständnis und Aufgeschlossenheit	Sehr verständnisvoll und aufgeschlossen
3. Wie trage ich meine Ideen vor?	0 1 2 3 4 5 6 7	
	mit geringer Überzeugungskraft	absolut überzeugend

4. Wie bleibe ich beim Besprechungs-thema?	0 1 2 3 4 5 6 7
	wenig konse-quent mit großer Konse-quenz
5. Wie ist meine Grundeinstellung gegenüber anderen?	0 1 2 3 4 5 6 7
	misstrauisch vertrauensvoll
6. Wie offenbare ich meine „Gefühle" in einer Sache?	0 1 2 3 4 5 6 7
	zurückhaltend ganz offen
7. Wie beuge ich mich dem Willen anderer?	0 1 2 3 4 5 6 7
	äußerst wider-willig bereitwillig
8. Wie groß ist mein Drang, „Häuptl-ing" in der Gruppe zu sein?	0 1 2 3 4 5 6 7
	kaum nennens-wert sehr stark
9. Wie verhalte ich mich anderen gegenüber?	0 1 2 3 4 5 6 7
	kühl herzlich
10. Wie beeindrucken mich Bemerkun-gen anderer über meine Meinung und Verhaltensweise?	0 1 2 3 4 5 6 7
	gar nicht beeinflussend
11. Wie fühle ich mich in die Situation anderer ein?	0 1 2 3 4 5 6 7
	keinerlei Sensitivität weitgehendes Verständnis
12. Wie reagiere ich auf Widerspruch und Widerstand in der Gruppe?	0 1 2 3 4 5 6 7
	resignierend kämpferisch

13. Wie ist mein Beitrag zum produktiven Denken in der Gruppe?	0 1 2 3 4 5 6 7	
	unbedeutend	besonders positiv
14. Wie toleriere ich entgegengesetzte Meinungen?	0 1 2 3 4 5 6 7	
	intolerant	ausgesprochen tolerant

Anmerkung: Wenn Sie sich selbst eingestuft haben, können Sie sich durch Ihre Mitarbeiter beurteilen lassen. Ein Beurteilungsvergleich gibt Ihnen sicherlich beachtenswerte Hinweise.

360-Grad-Feedback

Im Idealfall sollten wir Feedback von allen Seiten erhalten und auch geben. Damit sind Vorgesetzte, Kollegen, Mitarbeiter sowie Kunden und Lieferanten gemeint. Von Kunden werden wir es sowohl in Einzelgesprächen als auch durch Kundenbefragungen erhalten können, ebenso von Lieferanten. Den Lieferanten werden wir darüber hinaus auch Feedback geben, was bei Kunden nicht immer der Fall ist. Feedback vom Vorgesetzten zum Mitarbeiter führt man häufig im Rahmen des Mitarbeitergespräches durch.
Im umgekehrten Fall ist es oft heikel. Aus diesem Grund gehen viele Unternehmen dazu über, das Feedback der Gruppe an ihre Führungskraft mit Moderation eines unbeteiligten Moderators in Form von Führungsgesprächen durchzuführen. Dabei wird zumeist mit Fragebögen gearbeitet und über die Stärken sowie Potenziale der Führungskraft diskutiert. Bei diesem Gespräch sind die Führungskraft und die gesamte Gruppe anwesend. Eine Feedback-Kultur im Team wird oft bei einem Teamtraining initiiert und sollte dann von der Gruppe selbstständig weitergeführt werden.

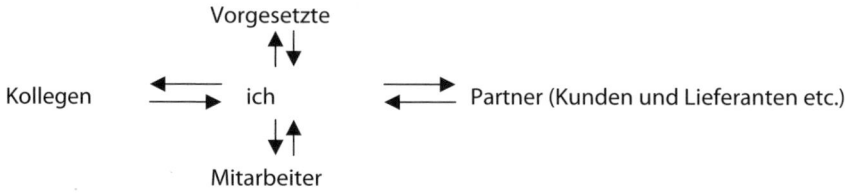

Idealbild des 360-Grad-Feedbacks

Johari-Fenster

Joe Luft und Harry Ingham haben ein Persönlichkeitsmodell entwickelt, das sich als sehr hilfreich für das Verständnis von Kommunikationsprozessen erwiesen hat. Das Modell wird nach den Anfangsbuchstaben ihrer Vornamen „Johari-Fenster" genannt und betrachtet die Interaktion aus einem individuellen Blickwinkel. Es handelt sich um vier Quadranten, die jeweils zugunsten der anderen vergrößert bzw. auch verkleinert werden können.

	DEM SELBST BEKANNT	**DEM SELBST NICHT BEKANNT**
ANDEREN BEKANNT	I. Bereich der freien Aktivität	III. Bereich des blinden Flecks
ANDEREN NICHT BEKANNT	II. Bereich des Vermeidens oder Verbergens (Privatbereich)	IV. Bereich der unbekannten Aktivität (Unbewusstes)

Johari-Fenster

I. *Bereich der freien Aktivität:* Informationen, die allen Beteiligten bekannt sind. Etwas, das ich über mich preisgebe, indem ich den anderen jene Informationen mitteile, bzw. das durch mein äußeres Erscheinen offensichtlich ist. Beispiele: Name, Job, Hobbys, Staatsangehörigkeit, Geschlecht, Körpergröße, Farbe der Augen etc. Dieser Quadrant ist im Moment des Kennenlernens noch sehr klein. Wächst das Vertrauen, teilen wir möglicherweise mehr über uns mit, sodass dieser Quadrant langsam verkleinert werden kann. Dafür benötigen wir Zeit und Gesprächsbereitschaft. Erfolgreiche Teamarbeit wird durch einen großen ersten Quadranten gefördert.

II. *Bereich des Vermeidens oder Verbergens (Privatbereich):* Informationen, die ich als privat betrachte und nicht mitteilen möchte. Je nachdem, wie viel Vertrauen ich in meinen Gesprächspartner habe, kann ich diesen Quadranten zugunsten des ersten verkleinern. Es bleibt jedoch immer ein Bereich übrig, den wir mit niemandem teilen: der so genannte Intimbereich.

III. *Bereich des blinden Flecks:* Etwas, das die anderen über mich wissen, mir selbst jedoch nicht bekannt ist. Es handelt sich darum, wie ich auf andere wirke, was sie über mich denken etc. Dieser Quadrant kann durch Feedback zugunsten des ersten Quadranten verkleinert werden. Als Führungskraft ist es empfehlenswert, Feedback durch regelmäßige Mitarbeitergespräche einzuholen. Sinnvollerweise sollen diese Gespräche unter vier Augen passieren, damit keiner der Beteiligten sein Gesicht verliert. Außerdem sind die Inhalte oft vertraulich.

IV. *Bereich der unbekannten Aktivität (Unbewusstes):* Dieser Bereich enthält Informationen über mich, die sowohl mir selbst als auch den anderen unbekannt sind. Trotzdem werden unsere Handlungen dadurch beeinflusst. Sogenannte „triebhafte Impulse" und im ersten Moment unerklärliche Handlungen haben ihren Motor in diesem Bereich. Es handelt sich um das von Sigmund Freud erstmals beschriebene Unbewusste. Darauf geben unsere Träume Hinweise, ebenso die „Freud'schen Versprecher", spontane Zeichnungen etc. Durch Psychoanalyse und Psychotherapie sowie durch intensives Nachdenken, Analysieren unseres Verhaltens und unserer Gedanken können wir Einblicke in diesen Bereich gewinnen. Welchen Nutzen haben wir von einem solch anstrengenden Prozess? Er dient dem besseren Verständnis der eigenen Motive und der

Selbsterkenntnis. Dies führt zu einer reifen und gefestigten Persönlichkeit, die uns wiederum zu einem wertvollen Teammitglied macht.

Je mehr wir voneinander wissen, desto störungsfreier funktioniert die Kommunikation!

Zusammenfassung des Kapitels „Kommunikation"

Kommunikation kann gestört sein

Kommunikation ist der Austausch von Information. Dieser Austausch kann störungsfrei erfolgen, die gesendete Information kommt also vollständig und unverzerrt beim Empfänger an. Oder aber verschiedenste Störungen führen zu einer Veränderung des Inhalts. Die empfangene Information ist mit der gesendeten nicht mehr identisch, sondern lediglich mehr oder weniger ähnlich. Es ist nicht immer leicht erkennbar, ob Störungen existierten, welche die Information verzerrt haben oder nicht. Der Empfänger glaubt zumeist, das Richtige verstanden zu haben; aber oft wird erst durch seine Handlung klar, dass es sich um ein Missverständnis handelte.

Feedback ist notwendig

Für effektive Kommunikation ist es viel wichtiger, wie die Information ankommt, als wie sie gemeint war. Um zu erfahren, wie sie aufgenommen wurde, ist Feedback, also eine Rückmeldung, notwendig. Je mehr Feedback gegeben wird, desto weniger Missverständnisse und Fehlinformationen werden auftreten.

Je besser sich die kommunizierenden Menschen kennen und je mehr sie übereinander wissen, desto eher wird die kommunizierte Information in allen ihren Nuancen und Feinheiten erfasst werden. Um viel von sich preiszugeben, sind Vertrauen und Gruppenbildung nötig. Ausgezeichnete Kommunikation benötigt also Zeit und ein vertrauensvolles Team.

Man kann nicht nicht kommunizieren!

Wann und wo immer zwei oder mehr Menschen zusammenkommen, passiert Kommunikation. Diese kann verbal, also mit Worten, oder nonverbal über Körpersprache, Mimik, Handlungen etc. erfolgen.

Kommunikation hat eine Inhaltsebene (Information) und eine Beziehungsebene (nonverbale Zeichen etc.). Widersprechen sich diese beiden Ebenen, so glauben die Menschen eher das, was über die Beziehungsebene vermittelt wird.

Thesen

- Holen Sie Feedback ein, wann immer es möglich ist. Feedback ist ein Geschenk, auch wenn es manchmal wehtut.
- Geben Sie oft Feedback. Verpackt in positives und angenehmes Feedback sind unangenehme Dinge viel leichter anzunehmen. Loben Sie einmal pro Tag!
- Man kann nicht zu viel kommunizieren. Fragen Sie nach, wie Ihre Inhalte verstanden wurden. Formulieren Sie nochmals mit anderen Worten.
- Nur durch Zuhören kann man Information bekommen!
- Wirken Sie den Barrieren der Kommunikation entgegen. Die Wahl des richtigen Zeitpunktes für ein Gespräch und das Ausschalten von Störfaktoren (Lärm, Ablenkung, Hitze) sind dabei grundlegend.

4. Teams

Zusammenkommen ist ein Anfang,
Zusammenbleiben ist ein Fortschritt,
Zusammenarbeiten ist Erfolg.

Henry Ford I.

Wie ich ein Teamtraining erlebte (aus der Sicht eines Teilnehmers)

Wir fuhren mit dem Bus in diesen Wintersportort in Tirol, von wo aus wir auf eine Hütte gebracht werden sollten. Mir war etwas mulmig bei dem Gedanken an die nächsten Tage, da meine Kondition eher mangelhaft war, und ich fürchtete, dass man einiges an Outdoor-Aktivitäten vorgesehen hatte. Außerdem würde ich in der Berghütte den gewohnten Luxus vermissen. Wir wurden also im Talort vom Trainer und dem Hüttenwirt abgeholt und nahmen auf der Ladefläche eines amerikanischen Pick-up-Trucks Platz. Es war stockdunkel, bitter kalt und die Landschaft von einigen Zentimetern Schnee bedeckt, obwohl wir erst Anfang Oktober hatten. Bei der Hütte angekommen, erwartete uns ein genüssliches Abendessen, die mulmige Stimmung wandelte sich in interessierte Erwartung.

Nach dem Abendessen wurde ein Lagerfeuer entfacht und in diesem wurden unsere vorher zu Papier gebrachten Sorgen verbrannt. Und zu diesem Zeitpunkt passierte schon etwas Unglaubliches. Einer meiner Kollegen nahm sein Toupet vom Kopf und verkündete der versammelten Runde, dass es für ihn nun an der Zeit sei, seine Verkleidung abzulegen. Feierlich übergab er das sündteure Toupet den Flammen. Im Grunde hatten wir schon vorher geahnt, dass dieses üppige Haar nicht sein eigenes war, aber mit dieser Tat hatte niemand gerechnet. Schon am ersten Abend wurden in lockerer Atmosphäre viele Dinge angesprochen, die bereits lange schwelten, für die wir uns aber nie Zeit genommen hatten.

Die einzige Dame in der Gruppe machte vielen von uns Sorgen, da eine Zusammenarbeit mit ihr sehr schwierig war. Ihr Blick war immer ernst und das Gesagte klang immer vorwurfsvoll und aggressiv. Da sie jedoch eine Schlüsselposition bekleidete, kam man um sie nicht herum. Schon in der ersten Vorstellungsrunde verglich sie sich mit einem Elefanten, denn wie dieser brauchte sie eine dicke Haut, um in der Männerwelt zu überleben. Als sie bei einer Teamübung von uns allen getragen wurde und die Gruppe dirigieren konnte, sah ich sie zu ersten Mal lächeln. Bei der nächsten Übung war sie vollkommen locker und dadurch auch meine Kollegen und ich im Umgang mit ihr. Seitdem hat sich das Verhältnis nachhaltig gebessert.

Bei Abseilübungen über fünfzig Meter hohe Felswände haben wir das Fürchten gelernt. Es war eine intensive Erfahrung zu erleben, wozu Menschen fähig sind, wenn sie von der Gruppe unterstützt werden, selbst wenn sie enorme Höhenangst haben. Da wir von unseren Kollegen am Seil gehalten wurden, erlebten wir auch sehr intensiv, was es heißt, blind zu vertrauen.

In diesen drei Tagen wurden Kollegen zu Menschen und viele dieser Menschen zu Freunden. Auf jeden Fall verstehe ich jetzt meine Mitstreiter wesentlich besser, kann deuten, warum sie so handeln, wie sie handeln. Diese Tage in der Wildnis haben unser Team grundlegend verändert.

Warum geben Unternehmen viel Geld für solche Trainings aus? Die Antwort ist wohl, dass sie sich positive Auswirkungen für die Gruppe und damit natürlich auch für deren Arbeitsleistung erwarten. Obwohl dieser Effekt schwer mit Zahlen messbar ist, gibt es einige Studien der ASTD (American Society of Training and Development) und anderer Organisationen, die einen direkten Zusammenhang zwischen aktivem Teambuilding und dem wirtschaftlichen Erfolg eines Unternehmens herstellen.

Als Führungskraft leiten Sie vielleicht schon ein Team; nicht jede Abteilung hat jedoch eigentlichen Teamcharakter. Sind die einzelnen Mitarbeiter in ihrem Aufgabenbereich selbstständig und gibt es keine oder wenig Überschneidungen, so spricht man nicht von einem Team. Natürlich ist der Übergang fließend. Sollte Ihre Abteilung nicht den Eigenheiten eines Teams entsprechen, so sind trotzdem einige Aspekte auch für lose zusammenarbeitende Teile einer Gruppe gültig, vor allem der Teambuilding-Prozess. Auch kann es gut möglich sein, dass Sie eine Arbeitsgruppe, ein Projektteam oder einen Quality-Circle ins Leben rufen müssen, um ein spezifisches Problem zu lösen. In diesem Fall gelten die Ausführungen in diesem Kapitel in besonderem Maße.

Teamwork ist die Zauberformel, oder?

Bei einem Teamtraining wurden wir mit dem Witz konfrontiert, dass TEAM als Akronym für „**T**oll, **E**in **A**nderer **M**achts" steht und Teamarbeit sich deswegen großer Beliebtheit erfreut.

Auch wenn es sich „nur" um einen Witz handelt, so findet sich doch zumeist ein Körnchen Wahrheit, vielleicht sogar ein ganzer Sandstrand! Unter solchen Voraussetzungen ist jede Art von Teamarbeit zum Scheitern verurteilt, denn die Arbeit muss natürlich von den einzelnen Individuen der Gruppe erledigt werden. Das Team besteht, um Lösungsideen zu sammeln, Aufgaben zu koordinieren und dort gemeinsam anzupacken, wo zwei Hände nicht ausreichen, im tatsächlichen wie im übertragenen Sinne. Werden hingegen einzelne Teammitglieder ausgenutzt, damit sich andere gemütlich zurücklehnen können, wird das Ergebnis auf Dauer sehr mangelhaft ausfallen.

Ein selbst ernannter Managementguru sagte einmal: „Teams sind tot! Alle großen Leistungen der Menschheitsgeschichte sind Einzelleistungen!" Wenn er es wirklich so gemeint hat, ist ihm nicht mehr zu helfen. Vielleicht aber war es nur als Provokation gedacht – als solche hat seine Aussage nämlich eine wichtige Funktion. Sie regt dazu an, darüber nachzudenken, ob wir es uns nicht oftmals zu leicht machen, indem wir bei jedem unangenehmen Problem eine Arbeitsgruppe damit beauftragen oder ein Team ins Leben rufen. Ohne allerdings die Voraussetzungen für diese Gruppe zu schaffen, das Problem auch zu lösen!

Teams an sich sind somit noch keineswegs die Zauberformel. Es gibt eine unendlich große Zahl an Fallstricken und Fehlern, die dazu führen, dass die Arbeitsgruppe mit großer Wahrscheinlichkeit scheitern wird. Setzt man Teamarbeit jedoch richtig ein, so existiert keine effizientere Methode. Das heißt natürlich nicht, dass die einzelnen Mitglieder des Teams nicht selbst großartige Leistungen innerhalb des Teams vollbringen sollen und können. Um es überspitzt zu formulieren: Eine Gruppe von Schwachköpfen wird keine großartigen Lösungen hervorbringen, nur weil sie im Team arbeiten.

Was ist ein Team?

Mit nur einer Hand lässt sich kein Knoten knüpfen.

Mongolisches Sprichwort

Teamarbeit ist so alt wie die Menschheit. Unsere Vorfahren in der Steinzeit wären niemals in der Lage gewesen, ohne Gruppe zu überleben. Die Jagd war ein Teamereignis, an dem sich alle Männer der Sippe beteiligten. Einzelnen wäre es unmöglich gewesen, eine ausreichende Menge an Tieren zu erbeuten, um sich und ihre Familie zu ernähren. Große oder schnelle Tiere waren für einzelne Jäger überhaupt nicht fassbar. In der Gruppe allerdings jagten die Menschen der Steinzeit die größten Landlebewesen der damaligen Zeit, die Mammuts. Aber auch Bisons, Hirsche, Bären und sogar Großkatzen waren in der Jagdsaison nicht vor den Menschen sicher. Dies ließ sich nur durch sehr effiziente Teamarbeit erreichen, denn sowohl die Kraft als auch die Geschwindigkeit der Jäger waren den meisten gejagten Tieren unterlegen. In der Gruppe jedoch konnten sie die Aufgaben verteilen, die Schnellsten unter ihnen trieben die Tiere den Stärksten zu, die dann zu mehreren auf ein Tier losgingen, bis es erlegt war.

Teamarbeit ist also keine Modeerscheinung, sondern eine Überlebensnotwendigkeit seit Anbeginn der Menschheit. Die heutige Situation ist mit jener zwar nicht mehr vergleichbar, es gibt aber in der Gegenwart vermutlich mehr Herausforderungen denn je, die nur von einer Gruppe gelöst werden können. Der Hauptgrund dafür liegt wohl im hohen Grad der Spezialisierung, der unsere Zivilisation kennzeichnet. Wann immer also eine Aufgabe entweder quantitativ oder qualitativ nicht von einer einzigen Person bewältigt werden kann und Koordination zwischen den mit der Erledigung der Aufgabe betrauten Individuen notwendig ist, spricht man von Teamarbeit.

Die Natur der Aufgabe sowie die Art der Gruppe können sehr vielfältig sein – etwa eine Rudermannschaft, die Crew eines Segelbootes, ein Basketballteam, eine Panzercrew, der Trupp einer Spezialeinheit, eine Maurerpartie oder die Programmierer eines Computerprogramms. Ebenso kann eine Expedition als Teamwork angesehen werden. In all diesen Beispielen kann das gewünschte Ergebnis nur von der Gruppe, nicht aber von einer einzelnen Person erreicht werden kann.

Grundlegende Formen der Teamarbeit

Man kann zwei grundlegend unterschiedliche Formen der Teamarbeit unterscheiden, wobei in der Realität meistens eine Mischform zu beobachten ist:

1. Im Team wird nur koordiniert, diskutiert und festgelegt, die tatsächliche Arbeit geschieht aber in Form von Einzelarbeit. Die vorher erwähnte Gruppe von Programmierern zählt dazu, denn die Erarbeitung und Eingabe des Codes für ein Unterprogramm kann zumeist nur eine Person erledigen.
2. Die tatsächliche Arbeit wird in der Gruppe erledigt. Möbelpacker, Zimmerleute, Flugzeugcrews etc. fallen in diese Kategorie.

Diese Unterscheidung ist deswegen wichtig, weil an die Leitung dieser beiden Kategorien sehr unterschiedliche Anforderungen gestellt werden:

*   Im ersten Fall ist es von großer Wichtigkeit, in den Koordinationstreffen effizient und sehr klar die Aspekte der Teilaufgaben zu kommunizieren, damit jedes Teammitglied auch tatsächlich die richtige Arbeit erledigt. Zweifel sollten bei diesen Zusammenkünften ausgeräumt werden. Zu diskutieren sind mögliche Probleme oder Konflikte, die Gefahr von Missverständnissen ist größer als bei der anderen Form der Teamarbeit.
*   Im zweiten Fall ist ständige Kommunikation untereinander notwendig, daher entwickelt sich rasch eine eigene Teamsprache. Wenn der Pilot dem Copiloten eine Anweisung gibt, ist es zweifelsohne von immenser Bedeutung, dass dieser genau weiß, was gemeint ist, denn viel Zeit für klärende Diskussionen steht selten zur Verfügung. Es ist also ein gemeinsames Verständnis für die relevanten Wortbedeutungen notwendig. Dieses entwickelt sich im Allgemeinen im Rahmen der Teamentwicklung.

Welches sind nun die Kennzeichen von Teams?

Folgende fünf Voraussetzungen müssen gegeben sein, um im eigentlichen Sinne von einem Team zu sprechen:

1. Ein gemeinsames Ziel
2. Mindestens zwei frei interagierende Individuen
3. Gemeinsame Identität
4. Regeln und Normen
5. Klima des gegenseitigen Vertrauens und der Anerkennung

Tatsächlich sind diese Voraussetzungen aber nicht immer gegeben – und daraus resultiert sehr oft das Versagen des Teams. Dazu aber später.

1. Das gemeinsame Ziel

Das gemeinsame Ziel wird auch von Seminarteilnehmern immer an erster Stelle genannt, wenn es um die Definition eines Teams geht. Der Punkt scheint unumstritten zu sein. Allerdings bedeutet ein für die Gruppe formuliertes Ziel noch lange nicht, dass dieses auch von allen Mitgliedern in seiner gesamten Tragweite verstanden und mitgetragen wird. Das Gefühl der inneren Verpflichtung gegenüber diesem Ziel (engl. *commitment*) ist noch lange nicht gegeben, nur weil niemand widerspricht. Commitment ist aber unabdingbar, wenn es darum geht, hervorragende Leistungen zu erhalten.
Dazu kommen oft noch verdeckte eigene Ziele von einzelnen Gruppenmitgliedern, die im Konflikt mit dem Gesamtziel stehen. So könnte es zum Beispiel das Gesamtziel einer Expedition sein, als Gruppe einen Gipfel zu erreichen. Viele der Expeditionsteilnehmer haben aber eigentlich nur das Interesse, selbst auf dem Gipfel zu stehen. Ob die anderen Teilnehmer es auch erreichen, ist ihnen eigentlich egal. Ein Beispiel:

> Zwei Teilnehmer einer österreichischen Shisha-Pangma-Expedition (über 8000 Meter hoch) schlossen sich im Hochlager einem anderen Team an, dessen Aussichten auf Erfolg sie als höher einstuften. In der Tat haben nur diese zwei Personen den Gipfel erreicht, der Rest ihres ursprünglichen Teams nicht. Das Teamziel ist somit nicht erreicht worden.

2. Mindestens zwei frei interagierende Individuen

Dieser Punkt versteht sich im Grunde von selbst. Allerdings muss gesagt werden, dass für erfolgreiche Teamarbeit diese Interaktion reibungsfrei und effizient erfolgen sollte – und genau hierbei gibt es oft Probleme.

3. Gemeinsame Identität

Ein Wir-Gefühl der Gruppe ist unabdingbar für ein Team. Das Team muss unter einer Flagge segeln, und mit dieser Flagge müssen sich die einzelnen

Gruppenmitglieder bis zu einem gewissen Grad identifizieren. Tun sie dies nicht, so handelt es sich um einen bunt zusammengewürfelten Haufen, der beim kleinsten Hindernis zerfällt.

Bei dieser „Flagge" kann es sich um Abteilungsidentität, um Firmenzugehörigkeitsgefühl oder die Verbundenheit mit einem Fußballklub handeln. Die Möglichkeiten sind sehr vielfältig. Wenn dieses Zusammengehörigkeitsgefühl gegeben ist, entwickelt sich zumeist auch eine gemeinsame, dem Team eigene Sprache und Wortwahl. Dieser Umstand erhöht einerseits wieder das Gruppengefühl, andererseits ermöglicht er auch effiziente Kommunikation.

4. Normen und Regeln

Wie wir nachfolgend zeigen, existiert im Teambuilding-Prozess eine Normierungsphase, in der Spielregeln und Umgangsformen festgelegt werden. Dies kann explizit (also ausgesprochen und niedergeschrieben) erfolgen oder aber implizit, was so viel bedeutet wie „alle spüren es". Ohne diese Spielregeln kann ein Team nicht produktiv arbeiten, weil kein Teammitglied weiß, was man von ihm verlangt.

5. Klima des gegenseitigen Vertrauens und der Anerkennung

Diese Voraussetzung ist dann wichtig, wenn ein Team sehr erfolgreich sein soll. Überprüfen Sie sich selbst: Würden Sie all Ihr Wissen und Ihre Fähigkeiten in das Team einfließen lassen, wenn Sie den anderen nicht vertrauen oder diese nicht anerkennen bzw. von den anderen nicht anerkannt werden?

Teams müssen zusammenwachsen

Es ist noch kein funktionierendes Team vom Himmel gefallen. Um eine Anzahl von Individuen zu einem zusammengeschweißten Team zu machen, bedarf es harter Arbeit und Zeit. In der Anfangsphase gibt es in der Regel Misstrauen und Vorbehalte, es kommt zu einem gegenseitigen „Beschnuppern". Dieses Kennenlernen ist von sehr großer Bedeutung, da man die Handlungen der anderen nur verstehen kann, wenn man sie kennt. Je besser man sie kennt, desto besser wird auch die Kommunikation funktionieren und Konflikte können einer positiven Lösung zugeführt werden.

Dieser Gruppenbildungsprozess passiert in jeder Gruppe, und zwar unabhängig davon, ob er forciert oder provoziert wird. Ohne Unterstützung allerdings benötigt dieser Prozess wesentlich mehr Zeit und das Risiko eines Zerfalls der Gruppe ist ebenfalls größer. Aus diesem Grunde empfiehlt es sich, die Gruppenbildung zu begleiten. In erster Linie ist dafür natürlich der Teamleader zuständig, sofern es einen gibt. Darüber hinaus haben viele Firmen gute Erfahrungen mit Teambuilding-Workshops und -Seminaren gemacht, weil darin viele Dinge angesprochen werden, die zwar latent vorhanden sind und die Zusammenarbeit stören, aber nicht an die Oberfläche kommen oder gar ausdiskutiert werden.

In der Ausnahmesituation Seminar mit professioneller Unterstützung fällt es leichter, darüber zu reden, zumal auch ausreichend Zeit zur Verfügung steht. Es soll an dieser Stelle allerdings nicht verschwiegen werden, dass es leider auch einige sehr unprofessionelle Anbieter auf dem Markt der Teamtrainings gibt. Wir hören immer wieder davon, dass sich Gruppen bei einem solchen Seminar derartig zerstritten haben – eine weitere Zusammenarbeit war dann nicht mehr möglich.

Außerdem ist es wichtig, dass die Trainer zum Unternehmen passen. Sie mögen zwar noch so gut sein – wenn ihre Einstellung und Philosophie jener des Unternehmens bzw. der Gruppe völlig widerspricht, wird das gewünschte Ergebnis nicht erzielt werden.

Wenn Sie in Erwägung ziehen, mit Ihrer Gruppe ein Teamtraining durchzuführen, schauen Sie sich das Trainingsunternehmen und dessen Trainer sehr genau an. Am besten ist es, selbst ein Seminar bei dem Trainer zu besuchen, bevor Sie ihn auf Ihre Gruppe loslassen.

Gut gemachte Teamtrainings sind aber eine sehr wertvolle Unterstützung für die Gruppe und sollten schon in einer sehr frühen Phase der Gruppenentwicklung durchgeführt werden. Man erspart sich damit eine Menge Ärger. Nach einiger Zeit ist eine Auffrischung durchaus sinnvoll.

Die Phasen der Teamentwicklung

Die vom Psychologen Bruce W. Tuckman geprägten Phasen und Beschreibungen für die einzelnen Entwicklungsphasen eines Teams haben in der Teamtheorie einen festen Platz gefunden.

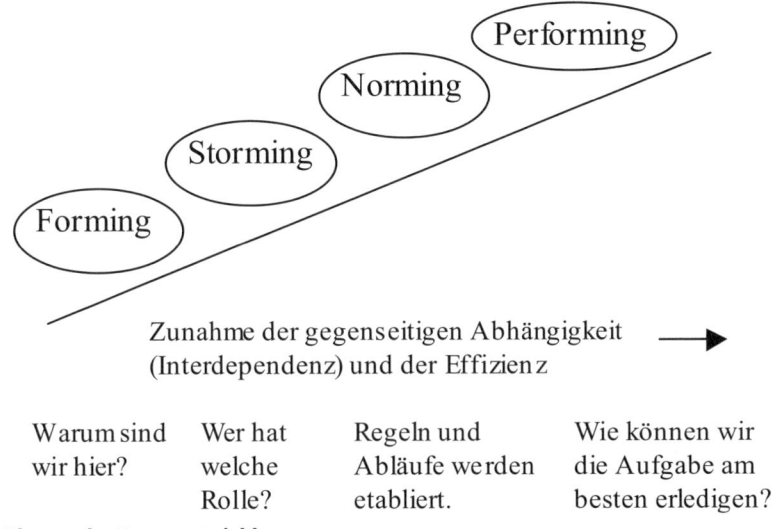

Zunahme der gegenseitigen Abhängigkeit ⟶
(Interdependenz) und der Effizienz

| Warum sind wir hier? | Wer hat welche Rolle? | Regeln und Abläufe werden etabliert. | Wie können wir die Aufgabe am besten erledigen? |

Die Phasen der Teamentwicklung.

Forming (Formierung)

In der Gründungs- und Anfangsphase herrscht große Unsicherheit unter den einzelnen Teammitgliedern. Stellen Sie sich vor, Sie haben einen Segeltörn gebucht, bei dem Sie die anderen Teilnehmer nicht kennen. Beim ersten Treffen am Hafen wird sich jeder fragen, wie er sich in die Gruppe einfügen kann, welches seine Rolle sein wird oder sein könnte. Ein gegenseitiges Abtasten findet statt. Alle wissen, dass es kein Entrinnen mehr gibt, wenn alle einmal an Bord sind und nur das endlose weite Meer sie umgibt. Das gegenseitige Vertrauen ist noch gering, jeder und jede versucht aber, freundlich und unangreifbar zu sein.

In dieser Phase ist es sehr wichtig, dass der Skipper die große Unsicherheit entschärft. Tut er dies nicht, so ergreift entweder eines der Gruppenmitglieder diese Rolle, was nicht unproblematisch ist, oder die Funktion wird überhaupt nicht erfüllt, wodurch die nächste Phase viel dramatischer verlaufen wird – bis hin zu einem Zerfall des Teams.

Storming (Sturm!)

Nun kommt es im wahrsten Sinne des Wortes zum Sturm. Es ist die Zeit des Testens. Der Führer bzw. Skipper wird auf Fachkompetenz und Führungskompetenz unter die Lupe genommen, kleinste Fehler werden sichtbar gemacht. Die Teammitglieder versuchen, sich in die Gruppenstruktur und Hierarchie einzufügen. Subtile Formen der Rebellion und des Widerstandes sind zu bemerken, gelegentlich bilden sich Untergruppen.

Wird diese Phase nicht bearbeitet, kann sie über sehr lange Zeit auf kleiner Flamme vor sich hinköcheln. Der große Konflikt bricht erst dann aus, wenn man ihn am wenigsten brauchen kann: in einer Krisensituation. Im Falle des Segeltörns wäre dies ein wirklicher Sturm, der dem Team alles abverlangt, vor allem koordinierte Zusammenarbeit. Im Unternehmensalltag könnte es u. a. ein sehr aufwendiges Projekt unter großem Zeitdruck sein.

Norming (Regeln und Normen)

Ist die vorige Phase überstanden und das Team noch nicht zerfallen, so ist dies zumeist auf einzelne Individuen zurückzuführen, die den Gruppenzusammenhalt gestärkt haben und zeigen konnten, dass man gemeinsam doch etwas bewegen kann. Die Konflikte sind zwar nicht notwendigerweise ausgeräumt, jedoch ausgesprochen und bearbeitet. Die Teammitglieder sind sich der unterschiedlichen Persönlichkeiten der anderen bewusst und jeder hat seine Rolle im Team gefunden.

Normen werden explizit und oft auch implizit etabliert. Sie sollen das Zusammenleben erleichtern und tun es in der Regel auch. Ein „Wir"-Gefühl entsteht. Erst jetzt kann eine sachliche, zielorientierte Diskussion beginnen.

Performing (Hochleistung!)

Das Team hat seine Reife erreicht. Wie bei der Entwicklung eines Jugendlichen ist die Pubertät überstanden. Die Gruppe ist nun erwachsen und kann sich der Erreichung der Ziele widmen, auch wenn der Sturm noch so heftig um die Ohren weht.

Ändert sich die Teamzusammensetzung, so kann es allerdings durchaus passieren, dass alle Phasen nochmals durchlaufen werden, zumeist aber nicht so lebhaft, da sich die Mitglieder zum Teil schon kennen.

Adjourning

Diese Phase betrifft nur Teams, die nicht permanent zusammenarbeiten, also Projektteams, Expeditionsmannschaften – oder eben unseren Segeltörn. Das Werk ist vollbracht, das Ziel erreicht. Die Teammitglieder haben sich aneinander gewöhnt, teilweise sogar lieb gewonnen. Wenn jetzt die Gruppe auseinandergeht, so empfinden viele ein Gefühl der Leere. Sie glauben, dass es nie mehr so gut wird wie mit diesem Team. Manche fallen sogar in eine echte Depression.

Rituale, von denen es unzählige gibt, können diesen Loslösungsprozess etwas erleichtern. Gemeint sind damit ein „falsches" Begräbnis, Medaillenverleihung, Abschlussfeiern, ein gemeinsamer Abschlussausflug und vieles mehr.

Es muss uns dennoch bewusst sein, dass nicht alle Teams jede Phase in der gleichen Intensität erleben. So können manche Teams in der Storming-Phase schmerzlich lange verharren, vielleicht sogar daran zerbrechen, andere hingegen durchlaufen sie beinahe unmerklich. Die Phasen sind auch nicht ausschließlich sequenziell, also in der vorgegebenen Reihenfolge, zu verstehen. Die Gruppe durchläuft also nicht notwendigerweise die Phasen eins bis fünf, ohne je wieder in eine vorherige Phase einzusteigen. Oberflächlich zusammenarbeitende Teams kommen vielleicht gar nie über die Forming-Phase hinaus, oft mit der Konsequenz, nicht sehr effektiv zu sein.

Der Ausprägungsgrad der Zusammenarbeit und somit der fünf Phasen hängt von vielen Variablen ab, zum Beispiel von dem Ziel, dem Zeitdruck, der Art der Arbeit, den Gefahren, der Gruppenzusammensetzung, der Gruppengröße und der Komplexität der Aufgabe. Dementsprechend verlaufen natürlich die fünf Phasen jedes Mal anders.

Teamgröße

Ein Richtsatz:
1. So klein wie möglich und so groß wie nötig.
2. Nicht größer als zwölf Personen.

Natürlich müssen alle nötigen Qualifikationen vertreten sein; ebenso ist die Zahl der Köpfe wichtig, welche für die Erledigung der Aufgabe ihrem Umfang nach nötig ist. Zusätzlich sollten alle relevanten Teamfunktionen besetzt sein. Die maximale Teamgröße hängt von der Geschwindigkeit ab, in der Entscheidungen getroffen werden müssen. So umfasst ein Kampftrupp im Dschungelkrieg nie mehr als sieben Personen. Nur dann ist die Gruppe ausreichend mobil, die Kommunikation kann sehr rasch vonstatten gehen und trotzdem sind die nötigen Funktionen besetzt. Es gibt den Kommandanten, einen Stellvertreter, Scharfschützen, Maschinengewehrschützen, Funker, Sanitäter etc. In der Hitze des Gefechtes wäre ein größeres Team schwer zusammenzuhalten und die Kommandostruktur würde leicht zusammenbrechen. Diese Erkenntnisse sind oft durch schmerzliche Erfahrung gewonnen worden.

Schon die römische Armee hatte ein ähnliches System. Zehn Mann waren die Teamgröße, denen ein Prinzipal vorstand. Zehn solcher Zehner-Gruppen wurden von einem Centurio angeführt (lat. centum = hundert). Vermutlich aufgrund der unterschiedlichen Waffen von damals und heute und der daraus resultierenden höheren Kampfgeschwindigkeit ergibt sich der Größenunterschied in den Teams im alten Rom und den heutigen Armeen.

Für Projektteams hingegen, bei denen es vor allem darauf ankommt, Entscheidungen richtig zu treffen, Geschwindigkeit jedoch keine große Rolle spielt, kann das Team um einiges größer sein. Bei mehr als 15 Mitgliedern wird das Team allerdings sehr träge, unflexibel und schwierig zu leiten. Gruppendynamisch gesehen hat man das Größenlimit der Kleingruppe(t-Group) erreicht und bewegt sich in Richtung Großgruppe, für die andere Gesetzmäßigkeiten gelten.

Die Kleingruppe zeichnet sich nämlich dadurch aus, dass sich die Gruppenmitglieder alle gut kennen und ständig alle anderen „im Auge" haben können, also alle Individuen der Gruppe überblicken. Dies ist über zwölf

Mitglieder sehr schwer möglich, 15 ist die absolute obere Grenze. Sollten für die Aufgabe mehr Menschen nötig sein, empfiehlt es sich, das Team zu teilen und eine Person zur Koordination der beiden Teams zu nominieren.

Teamzusammensetzung

Keiner weiß so viel wie wir alle zusammen!

Autor unbekannt

Die Teamzusammensetzung ist für den Erfolg des Teams von grundlegender Bedeutung. Am besten ist es, wenn sich das Team selbst zusammenfinden kann. Auch hier gibt es wieder ein sehr gutes Beispiel aus dem militärischen Bereich. Am Beginn des Vietnamkrieges wurden verhältnismäßig viele Flugzeuge der Amerikaner abgeschossen. Die Besatzungen in den Bombern waren von den Vorgesetzten zusammengesetzt worden. Nachdem sich die Besatzungen selbst finden durften, war die Überlebens- und Erfolgsrate signifikant höher.

Unter dieser Voraussetzung werden sich natürlich jene Menschen zusammenfinden, die sehr gut miteinander können und zwischen denen großes Basisvertrauen herrscht. Leider tritt dieser Fall in der Praxis so gut wie nie ein. Allerdings kann in vielen Fällen der Gruppenführer oder Teamleader zumindest einige Gruppenmitglieder aussuchen. Auch wenn das Team vergrößert wird oder einzelne Gruppenmitglieder abspringen, kann zumeist Einfluss auf die Auswahl der Neuzugänge genommen werden. In diesen Fällen ist es wichtig, folgende Aspekte zu berücksichtigen:

- den persönlich-menschlichen und den
- fachlichen Aspekt.

Zum ersten Aspekt ist Folgendes zu beachten: Wenn irgend möglich, sollte man es tunlichst vermeiden, Menschen in einem Team zusammenzubringen, die sich partout nicht „riechen" können. Geht es nicht anders, sollte man sich klar darüber sein, dass große Probleme entstehen und die Effizienz des gesamten Teams beeinträchtigt werden könnte. Diese Störung fällt möglicherweise so stark aus, dass die fachliche Kompetenz der Betroffenen überhaupt nicht zur Geltung kommt. In jedem Fall ist großes Fingerspitzengefühl des Teamleaders nötig.

Zusätzlich ist auf den *Persönlichkeitsmix* zu achten. Nach dem Modell von Elias Porter ist es wichtig, alle vier von ihm beschriebenen Typen in einem Team vertreten zu haben. Diesen Typen sind zur leichteren Assoziation die Farben Rot, Grün, Blau und Regenbogen zugeordnet:

Der Rote

sieht das Ziel vor Augen und lenkt die Gruppe immer wieder in die richtige Richtung, wenn sie abzuschweifen droht. Er koordiniert gern die Aktivitäten, damit Struktur in die Handlungen kommt, Doppelgleisigkeiten vermieden werden und trotzdem alles erledigt wird. Diese Persönlichkeitsausprägung wird oft Managertyp oder Häuptling genannt.

Der Blaue

spielt eine wichtige Rolle, wenn es einzelnen Teammitgliedern oder der ganzen Gruppe schlecht geht. Dieser Typus ist durchaus mit der Funktion des Medizinmannes bzw. der Schamanin bei Naturvölkern zu vergleichen. Er kümmert sich um das leibliche und emotionale Wohl der Menschen. Das ist besonders in Krisensituationen bedeutsam, weil der Blaue den drohenden Zerfall der Gruppe verhindert und destruktiven Konflikten vorbeugt. Diese Funktion wird oft mit der einer Krankenschwester verglichen – nicht zuletzt deswegen, weil sie zumeist von einer Frau bekleidet wird.

Wir haben in vielen Teamtrainings festgestellt, dass in reinen Männergruppen diese Funktion nicht oder nur rudimentär vorhanden war, weswegen der Gruppenzusammenhalt und die Konfliktkultur zu wünschen übrig ließen. Das heißt natürlich nicht, dass nur Frauen diese Aufgabe erfüllen können, aber anscheinend tun sich Männer, und hier ganz besonders Techniker, besonders schwer.

Der Grüne

ist der „Wissenschafter" und erfüllt oft die „Kassandra"-Funktion, warnt also vor allen möglichen Problemen und Hindernissen, die im Rahmen der Zielerreichung auftreten können bzw. könnten. Er hat in der Anfangsphase des Öfteren Schwierigkeiten, sich in die Gruppe einzugliedern, und geht bei falscher Behandlung verloren. In diesem Fall ist der Blaue gefordert, den Grünen wieder ins Boot zu holen.

Fühlt sich der Grüne erst einmal integriert, ist er eine sehr wertvolle Informationsquelle, wichtig für die Dokumentation und für Arbeiten, bei denen Exaktheit erforderlich ist. Er bewahrt das Team durch seine Vorsicht unter Umständen tatsächlich vor großen Fehlern.

Der Regenbogen

ist, wie der Name schon sagt, eine Mischung aus allen drei Einzelfarbtypen. Er zeichnet sich dadurch aus, dass er sehr flexibel ist. Somit kann er jeweils die Funktion erfüllen, die gerade gebraucht wird. Dieser Typus stellt sozusagen den Joker eines Teams dar und kann durchaus mehrfach vertreten sein.

Was bedeutet diese Theorie nun aber für die Zusammensetzung eines Teams? Betrachten wir einige Szenarien, anhand derer sich die Folgen gut veranschaulichen lassen:

- Hat man *mehrere Rote* in einem Team, wird es vermutlich zu einem Machtkampf um die Führung kommen. Bis dieser Kampf entschieden ist, wird das Team nicht sehr effizient sein. „Eine Herde kann nur einen Leithammel haben", so die Analogie aus dem Tierreich.
- *Fehlt der Rote* gänzlich, werden die meisten Teams unkoordiniert und führungslos durch den Arbeitsalltag driften, es sei denn, das Team ist so reif, dass es im Sinne eines SOS („sich selbst organisierendes Systems") ohne formale Führung höchst effizient arbeitet.
- *Ohne blaue Typen* fehlt die Klammerfunktion, die das Team vor allem in stürmischen Zeiten beisammenhält. Die Gefahr ist groß, dass Einzelne über Bord gehen oder gar das gesamte Team zerfällt.
- Die *Grünen* sind für die tatsächliche Arbeit, aber auch für das Vorhersehen von Hindernissen wichtig. Zumeist sind sie fachlich sehr kompetent und bei richtiger Behandlung gern bereit, sich für das Ziel intensiv einzusetzen.
- Die *Regenbogen* packen dort an, wo Not am Mann bzw. an der Frau ist, und sind vor allem für Teams wichtig, die wechselnde und komplexe Aufgaben zu bewältigen haben.

Natürlich lassen sich Menschen in ihrer ganzen Komplexität nicht in vier Kategorien einteilen und jeder entspricht einem bestimmten Typus nur bis zu einem gewissen Grad. Trotzdem haben wir mit diesem Instrument in Gruppen viel bewirkt. Denn schon das Bewusstsein, welcher Kollege welchem Typus entspricht und welche Typen eventuell fehlen, führt zu einer positiven Veränderung im Team.

Der *fachliche Aspekt* ist ebenfalls von großer Bedeutung. Selbstverständlich ist es nötig, sämtliche relevanten fachlichen Qualifikationen für die Erledigung der Aufgabe im Team vertreten zu haben. Das ist eine Binsenweisheit, die aus unserer Erfahrung zumeist auch tatsächlich berücksichtigt wird. Fehlen ganz bestimmte Kenntnisse, kann man entweder das Team um eine Person mit eben diesem Wissen erweitern, das Wissen zukaufen oder ein Teammitglied dieses Wissen oder diese Fähigkeit erlernen lassen. Wofür man sich entscheidet, wird von Faktoren wie Budget, Art des Wissens bzw. der Fähigkeit, Zeit etc. abhängen.

Ein Team sollte die verschiedensten Persönlichkeitstypen enthalten, um effektiv zu sein

Teamgeist

Team-Arbeit setzt Team-Geist voraus – was sich nicht anordnen, wohl aber wirksam vorleben lässt.

Albert Ackermann

Hat man einmal die benötigte Teamgröße erkannt und die richtigen Teammitglieder gefunden, den Gruppenbildungsprozess in Gang gesetzt und die Arbeitsweise festgelegt, so ist das Team im Grunde arbeitsfähig. Soll es allerdings Höchstleistungen vollbringen, so ist ein starker Teamgeist unerlässlich. Es handelt sich dabei um ein sehr hohes Maß an Identifikation mit der Gruppe und deren Zielen. Gegenseitiges Vertrauen und Verständnis sowie ein ausgeprägtes Wir-Gefühl kennzeichnen diesen Geist.

Wie von Albert Ackermann festgestellt, kann sich ein solcher Teamgeist nur entwickeln, wenn er von den Führungskräften der Gruppe vorgelebt wird. Auch das Arbeitsklima im Unternehmen spielt selbstverständlich eine bedeutende Rolle. Ist das Klima von Misstrauen und Konkurrenzkampf geprägt, wird es sehr schwer, wenn nicht überhaupt unmöglich sein, einen ausgeprägten Teamgeist in einer Arbeitsgruppe zu entwickeln. Menschen sind nicht dumm. Wenn sie in einem Unternehmen mehrmals die Erfahrung gemacht haben, dass es sich für sie nachteilig auswirkt, Fähigkeiten und Wissen mit anderen zu teilen, dann werden sie es in Zukunft tunlichst unterlassen.

In seltenen Fällen allerdings schafft es eine Gruppe, zu einer „blühenden Insel" in der kargen emotionalen Wüste des Unternehmens zu werden und auf diese Weise vielleicht sogar andere Gruppen mitzureißen. Wenn dies gelingt, dann ist der Gruppenzusammenhalt zumeist noch größer, weil den Gruppenmitgliedern bewusst ist, dass sie etwas Großartiges geschafft haben, das sie in einer anderen Abteilung oder Gruppe des Unternehmens nicht erreicht hätten.

Teamarten

Es handelt sich bei dieser Aufstellung nicht um eine vollständige Liste, auch kann ein Team mehreren Kategorien gleichzeitig entsprechen. Vielmehr soll veranschaulicht werden, welches die speziellen Eigenheiten sind und wann sie zum Einsatz kommen.

Multikulturelle Teams

Wie der Name schon sagt, handelt es sich um ein Team, bei dem die Mitglieder aus unterschiedlichen Kulturkreisen kommen. Mit der unterschiedlichen Kultur gehen zumeist unterschiedliche Umgangsformen, Kommunikationsstile, Wertsysteme und manchmal auch Religionen einher. Die meisten UNO-Missionen bestehen aus multikulturellen Teams und in internationalen Konzernen werden solche Teams immer häufiger.

In diesen Fällen ist es besonders wichtig, auf die kulturellen Eigenheiten einzugehen und sie zu thematisieren. So ist es in den meisten asiatischen Kulturen üblich, eher verschlossen zu sein und Kritik – wenn überhaupt – sehr verschlüsselt zu üben. Hierarchien sind stark ausgeprägt. Umgekehrt wird im angelsächsischen Raum Kritik sehr direkt geäußert, der gesamte

Gesprächsstil ist viel direkter und offener. Man erfährt von seinem Gegenüber sehr rasch viel aus dem Privatleben, oft sogar intime Details. Dementsprechend länger dauert der Teambuilding-Prozess.

Der große Vorteil multikultureller Teams besteht in den sehr verschiedenen Denk- und Lösungsansätzen.

Remote-Teams

Mit diesem Begriff bezeichnet man Teams, deren einzelne Mitglieder über viele Orte – im extremsten Fall über die ganze Welt – verstreut sind. Spezielle Projektteams in Weltkonzernen können ebenso in diese Kategorie fallen wie Verkaufsteams, die sich den Markt regional aufgeteilt haben. Ein Hauptproblem ist die Kommunikation, die fast immer zu kurz kommt. Außerdem ist der Teambildungsprozess schwierig.

Untersuchungen haben gezeigt, dass auch solche Teams sehr erfolgreich sein können, wenn in einem intensiven Startworkshop, meist mit externer Unterstützung, das gegenseitige Kennenlernen beschleunigt wird. Zumindest einmal im Jahr sollten alle Teammitglieder persönlich zusammenkommen, um fachlich, vor allem aber menschlich zusammenzurücken.

Temporäre Teams

Viele Teams werden heutzutage für eine begrenzte Zeitdauer ins Leben gerufen, zum Beispiel um ein bestimmtes Projekt auszuarbeiten, Verbesserungsvorschläge zu machen oder eine Verkaufsstrategie zu entwickeln. In diesem Fall ist es wichtig, den Teambuilding-Prozess nicht zu vergessen, auch wenn das Team nur für eine gewisse Dauer existieren wird.

Besonders bedeutsam ist es, den Abschluss mit einem entsprechenden Ritual zu feiern. Dieses Ritual ist psychologisch wichtig, um nicht in romantischen Reminiszenzen der Gruppe nachzuweinen und dadurch in der weiteren Arbeit beeinträchtigt zu sein. Alle Kulturen verfügen über Rituale für den Übergang von einem Zustand in einen anderen. So wird beispielsweise das Ende der Pubertät begangen, um den Übergang vom Kind zur Frau bzw. zum Mann sowohl für die betroffene Person als auch für die Gruppe zu erleichtern.

Der Fantasie sind für ein solches Ritual keine Grenzen gesetzt, es sollte aber mit der Firmenkultur konform gehen. Es könnte eine große Grillparty sein, aber auch ein Rafting-Ausflug, eine Bergtour mit symbolischer Kranzniederlegung, ein Abendessen oder eine kleine Reise.

Arbeitsteams

Darunter versteht man Teams, die permanent zusammenarbeiten und kein „Ablaufdatum" haben; die Aufgabe besteht permanent. Produktionsteams zählen dazu. Nach einer gewissen Anfangsphase sind diese Teams meist eingefahren, der Teambuilding-Prozess kann etwas langsamer angegangen werden. Bei diesen Teams ist die Auswahl der Teammitglieder besonders wichtig, da Menschen, die nicht dazu passen, das Klima langsam, aber stetig vergiften können. Dies geschieht oft unmerklich, bis die Auswirkungen so groß sind, dass es zu spät ist. Ein Gespür des Teamleaders für das Klima und für schwelende Konflikte ist notwendig.

Quality Circles

Quality Circles sind Arbeitsgruppen, die in der Regel als temporäres Team periodisch zusammenkommen, um Verbesserungsvorschläge zu einem bestimmten Themenkreis im Unternehmen zu machen. Die Teammitglieder gehen ihrer Referententätigkeit am ursprünglichen Arbeitsplatz weiter nach, allerdings können sie bei sehr intensiver Arbeit im Team eventuell etwas entlastet werden.

Quality Circles sind nur sinnvoll, wenn sie vom Top-Management gewünscht sind und ihre Vorschläge Aussicht auf Umsetzung haben. Dienen sie nur dazu, kritische Stimmen ruhigzustellen, indem man sie beschäftigt, wird man in weiterer Folge niemanden mehr dazu motivieren können, sich in einer solchen Arbeitsgruppe zu engagieren.

Projektteams

Projektteams können permanent oder temporär ins Leben gerufen werden. Sind sie temporär, so gelten für sie die obigen Ausführungen zu temporären Teams. Sie haben als Aufgabe ein bestimmtes Projekt, das es umzusetzen gilt. Im Falle der temporären Projektteams werden sie nach Abschluss des Projektes wieder aufgelöst, bei permanenten Projektteams bleibt das Team erhalten, ihm wird lediglich ein neues Projekt zugeteilt. Das ist vor allem bei

Entwicklungsteams, zum Beispiel in der Autoindustrie, der Fall, da es ständig neue Dinge zu entwickeln gibt.

Informelle Teams

Bei allen vorher behandelten Teams handelt es sich der Natur nach um formelle Teams, weil man sie ausdrücklich für einen bestimmten Zweck ins Leben ruft. Informelle Teams hingegen werden nicht von außen und auch nicht durch einen Formalakt gebildet, sondern ergeben sich aus den Mitgliedern heraus. Der Freundeskreis, eine Clique, die Saunarunde etc. zählen dazu. Allerdings gibt es sie auch in Firmen; es handelt sich dann um Gruppen, die – von außen oft nicht erkennbar – sich gegenseitig unterstützen. Die Mitglieder können durchaus in verschiedenen Abteilungen arbeiten. Wenn das Teambuilding bei einem formellen Team erfolgreich war, dann wird die Gruppe auch zu einem informellen Team, selbst dann, wenn sie schon aufgelöst wurde. Die Gruppenmitglieder werden sich weiterhin gegenseitig unterstützen, auch wenn es kein gemeinsames Ziel mehr gibt und jeder an seinen Arbeitsplatz zurückgekehrt ist. Diese gegenseitige Hilfe wird oft als der „kleine Dienstweg" bezeichnet. Dieser Zustand ist zweifelsohne für das Arbeitsklima förderlich, wenn nicht andere dadurch ausgegrenzt werden.

Teams brauchen einen Chef, oder?

Die Beantwortung dieser Frage hängt von vielen Faktoren ab. Auf jeden Fall muss es jemanden geben, der die Koordinationsfunktion für das Team erfüllt. Diese Person muss nicht notwendigerweise hierarchisch vorgesetzt sein, sondern kann aus den Reihen der Gruppe kommen. In der unternehmerischen Praxis wird es jedoch zumeist jemanden geben, der die Verantwortung für das Team trägt und auch eine gewisse Vorgesetztenfunktion ausübt. Ein sehr gut eingespieltes und reifes Team benötigt allerdings im Sinne eines „sich selbst organisierenden Systems" keinen Chef mehr, um produktiv arbeiten zu können. Die sonst von einem Chef ausgeübten Funktionen werden auf die Teammitglieder verteilt.

Was alles schieflaufen kann

Wenn Teamarbeit in einem Unternehmen nicht funktioniert oder ein bestimmtes Team große Probleme hat, seine Aufgabe zu erfüllen, gibt es im Grunde zwei Ursachenpole. Ein Pol liegt beim Top-Management und der andere beim Team selbst. Zwischen diesen beiden Polen bestehen natürlich auch alle denkbaren Überschneidungsmöglichkeiten:

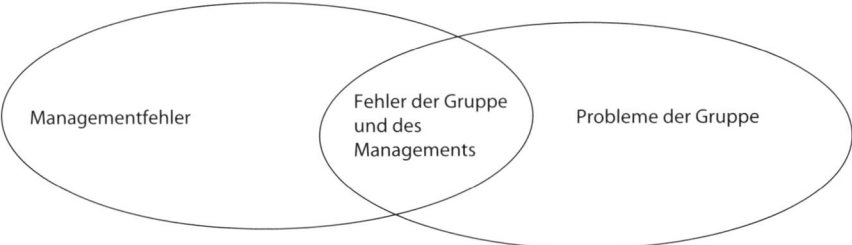

Typische Managementfehler:

- Falsche oder unerfüllbare Zielvorgaben für das Team
- Sich widersprechende Zielvorgaben
- Aggressives Betriebsklima:
  In einem Unternehmen, dessen Klima von Misstrauen und Wettbewerb sowie einer Kultur der Kontrolle geprägt ist, kann nicht erwartet werden, dass sich die Teammitglieder mit Vertrauen und Kooperationsbereitschaft begegnen.
- Kein Erfahrungsaustausch zwischen den Arbeitsteams:
  Teams in einem Unternehmen schweben im Allgemeinen nicht im luftleeren Raum, sondern sind von der Zusammenarbeit und dem Erfahrungsaustausch mit anderen Arbeitsgruppen abhängig. Wenn diese Zusammenarbeit vom Management nicht gefördert oder gar boykottiert wird, kommt kein gutes Ergebnis heraus.
- Kein adäquates Training der Teamfähigkeiten:
  Werden der Teambuilding-Prozess und die Entwicklung der sozialen Fähigkeiten der einzelnen Teammitglieder nicht entsprechend unterstützt, entstehen sehr oft Konflikte und Reibungsverluste im Team. Diese zu reparieren ist wesentlich schwieriger, zeitaufwendiger und teurer, als

proaktiv zu wirken. Aus unserer Erfahrung werden Teamtrainings jedoch erst dann durchgeführt, wenn es eigentlich schon zu spät ist.

- Schwache Besetzung der Teams:
Eine falsche Auswahl der Teammitglieder führt natürlich dazu, dass das Team die gestellte Aufgabe nicht erfüllen kann. Diese Strategie wird gelegentlich verwendet, um zu beweisen, dass Teamarbeit an sich nicht funktioniert.

Probleme, die von den Teammitgliedern oft erlebt werden

- Teams versuchen in zu kurzer Zeit zu viel zu erreichen. Bei Nichterreichung ist Frustration die Folge.
- Es existieren Konflikte über persönliche Unterschiede in Bezug auf Arbeitsstil oder Persönlichkeit, die unüberbrückbar sind.
- Auf Gruppendynamik und Teamprozesse wird zu wenig Augenmerk gelegt.
- Kein Durchhaltevermögen, die Gruppe gibt beim Auftreten eines nicht vorhergesehenen Problems auf.
- Wegen eingefahrener Strukturen und Verfahren ergibt sich ein nicht zu unterschätzender Widerstand, gewisse Dinge anders zu sehen und eventuell neu zu machen, um so vielleicht die Lösung zu erzielen.
- Schwache Sozialkompetenz der Teammitglieder, d.h. aggressives Verhalten statt effizienter Kommunikation; destruktives Konfliktverhalten; Win-Lose-Beziehungen statt Win-Win.
- Antipathie in zwischenmenschlichen Beziehungen wird nicht bearbeitet – oder einzelne Teammitglieder sind schon seit geraumer Zeit „Todfeinde".
- Vertrauensmangel

Was können Sie als Teamverantwortlicher tun?

Ein Schlüssel für erfolgreiche Teamarbeit ist Feedback. Die Technik ist im Kapitel „Kommunikation" ab Seite 91 genau beschrieben, deswegen sei an dieser Stelle nur der für Teams relevante Teil erwähnt. Eine Feedback-Kultur, die ständige Rückmeldungen von jedem Teammitglied an die anderen beinhaltet, wie deren Aktionen und deren Verhalten erlebt wird, beugt Missverständnissen und Konflikten vor, bevor sie überhaupt entstehen. Es ist dabei zu beachten, dass vor allem positives Feedback gegeben wird, denn erstens ist eine angenehme Rückmeldung sehr motivierend und zweitens kann bei viel positivem Feedback eine unangenehme Rückmeldung viel besser angenommen werden.

Der folgende Team-Einschätzungsbogen kann hilfreich sein, sehr rasch den momentanen Gruppenzustand festzuhalten und Schwächen sowie Stärken des Teams zu lokalisieren. Alle Teammitglieder sollten ihn periodisch ausfüllen und dann in der Gruppe die Ergebnisse diskutieren.

Fragebogen: Team-Einschätzung		
Kriterium	Stimme nicht zu	Stimme voll zu
1. Teammitglieder arbeiten gut zusammen.	1 2 3	4 5
2. Information ist eine unserer Stärken.	1 2 3	4 5
3. Ziele werden gemeinsam festgelegt.	1 2 3	4 5
4. Innovation wird ermutigt und belohnt.	1 2 3	4 5
5. Konflikte werden formuliert und bearbeitet.	1 2 3	4 5
6. Wir geben einander jede Unterstützung.	1 2 3	4 5
7. Die Teammitglieder schätzen und respektieren einander.	1 2 3	4 5
8. Jeder arbeitet an den Gruppenzielen.	1 2 3	4 5
9. Das Arbeitsklima ist motivierend.	1 2 3	4 5
10. Teammitglieder sehen sich als eine zusammengeschweißte Gruppe.	1 2 3	4 5
11. Die Teammitglieder sind stolz, zur Gruppe zu gehören.	1 2 3	4 5
12. Jede/r wird ermutigt, angstfrei seine/ihre Gedanken zu äußern.	1 2 3	4 5

13. Die Teammitglieder fürchten nicht, übervorteilt zu werden.	1	2	3	4	5
14. Das Team analysiert und bewertet seine Funktionsfähigkeit regelmäßig und offen.	1	2	3	4	5
15. Ich identifiziere mich mit dem Team.	1	2	3	4	5
16. Unser „Teamchef" ist der Schlüssel für unsere Effizienz und Produktivität.	1	2	3	4	5
17. Unser „Teamchef" ist offen für Vorschläge, die seine/ ihre Leistung verbessern könnten.	1	2	3	4	5

Zusammenfassung des Kapitels „Teams"

Viele der uns gestellten Aufgaben können wir nicht allein, sondern nur in der Gruppe lösen. Manche Aufgaben benötigen aufgrund ihrer Komplexität mehr Wissen, als in einer Person vereint ist. Andere sind ihrem Umfang nach nicht von einem Menschen zu bewältigen oder benötigen viel Kreativität. Man kann nun die Aufgabe in Teilaufgaben unterteilen und von verschieden Personen erledigen lassen, ohne dass diese Personen sich kennen oder interagieren müssen. In diesem Fall spricht man natürlich noch nicht von Teamarbeit. Viele Projekte benötigen allerdings sehr intensiven Austausch zwischen den damit befassten Mitarbeitern, hier ist Teamarbeit nötig.

Wichtige Aspekte bei der Gründung eines Teams:

- Achten Sie bei der Auswahl der Teammitglieder auf die fachliche Qualifikation, im Besonderen aber auch auf die Persönlichkeit.
- Berücksichtigung der idealen Teamgröße. Teams über zwölf Mitgliedern sind träge und die Kommunikation wird sehr schwierig. Sind mehr als zwölf Menschen für die Erledigung der Aufgabe nötig, dann sollte man eine Teilung des Teams in Betracht ziehen. Grundsätzlich gilt: Je rascher ein Team reagieren muss, desto kleiner sollte es sein.
- Machen Sie durch aktives Teambuilding aus einem Haufen Individuen eine arbeitsfähige Gruppe. Für störungsfreie Kommunikation und tragfähige Konfliktbewältigung ist ein reifes Team im Sinne der Gruppenbildung nötig. Gemeinsame Teamtrainings, Ausflüge und Freizeitaktivitäten stärken den Teamgeist.
- Lassen Sie Konflikte nicht zugedeckt, bis sie explodieren, sondern versuchen Sie, Konflikte schon im Beginn zu bearbeiten.
- Man kann im Team nicht zu viel kommunizieren. Kommen Sie oft zusammen.

5. Konflikt

Wenn man auf dem Tiger reitet, kann man nicht absteigen.

Chinesisches Sprichwort

Das chinesische Zeichen für Konflikt besteht aus zwei Teilen: Der eine Teil bedeutet „Gefahr", der andere „Chance". Konflikte beinhalten also beides – Gefahren und Chancen. In den westlichen Kulturen wird Konflikt sehr oft als Synonym für Streit verwendet, als etwas Schlechtes, das unbedingt vermieden werden muss. Konflikte lassen sich aber nur selten vermeiden, höchstens hinausschieben, wodurch sie zu einem späteren Zeitpunkt viel stärker hervorbrechen.

Chinesisches Zeichen für Konflikt und Krise:

Gefahr   Chance, Gelegenheit

Konflikte sind ...

Wo es Menschen gibt, da menschelt's!

Karl Kraus

Konflikte gibt es seit Anbeginn des Universums. Der Kampf zwischen Meer und Land, der Kampf von Urwaldbäumen um das Licht, der Kampf zwischen Jäger und Beute. Konflikte sind unvermeidbar, wenn man mit Menschen lebt und arbeitet. Sie sind Unterschiede, die einen Unterschied machen.
Egal ob als Führungskraft, Berater oder Kollege, Freund oder Familienmitglied – wir brauchen ein Handlungskonzept, um mit Konfliktsituationen zurechtzukommen und sie einer befriedigenden Lösung zuzuführen. Dadurch können wir mit Konfliktsituationen besser umgehen und Klarheit für uns gewinnen. Die Energie, die mit jedem Konflikt entsteht, kann durch eine passende Lösungsstrategie zielführend kanalisiert werden. Konfliktstrategien sind nichts anderes als Überlebensstrategien. Lernen ist dadurch für beide involvierte Parteien möglich. So wird jede einzelne beteiligte Partei die andere besser kennenlernen und verstehen, wodurch Win-Win-Lösungen möglich werden.
Wir sagen hier bewusst „Partei", weil es sich um eine einzelne Person handeln kann, aber auch um eine Gruppe, Familie, Firma, ein Team etc. Hier werden wir jede dieser Parteien wie ein System betrachten.
O-Sensei Uyeshiba, ein Meister vieler Kampfkünste, entwickelte Aikido, oder „die Kunst, sich so zu verteidigen, dass der Angreifer – unverletzt und freiwillig – seine Attacke aufgibt. Die Botschaft des O-Sensei lautet: Wenn man euch angreift, schließt den Gegner in euer Herz." (Grün, J. u. I., München 2005)
Dieser Satz fasst im Grunde zusammen, was wir wissen und anwenden sollten, um erfolgreiche Konfliktbewältigung zu erreichen, wenngleich es nicht immer so leicht ist, wie es sich anhört. Wenn beim Konflikt die Meta-Ebene eingenommen und von dort aus die Situation analysiert und die enthaltene negative Energie kanalisiert wird, dann erst lässt sich ein Weg zur Lösung finden. Aktives Zuhören ist hier gefragt, d.h., wir sollten nicht schon während der andere spricht die Antwort überlegen und in die Defensive gehen, sondern seine Botschaft auf uns wirken lassen. Wir müssen die andere

Konfliktpartei wahrnehmen und zu ergründen versuchen, welche Botschaft der Konflikt für beide Parteien enthält, was wirklich hinter der Fassade steckt. *„Den Gegner ins Herz schließen"* ist das Herzstück der Aikido-Lehre. In diesem Sinne könnte man die Aikido-Kunst auf die Konfliktbewältigungstechnik übertragen. Wenn ich meinen „Gegner" bzw. „Konfliktpartner" und seine Motive kenne, und wenn es mir möglich ist, seine Persönlichkeitsstruktur und Verhaltensmuster zu verstehen, kann ich den Konflikt mit viel größerer Wahrscheinlichkeit in eine positive Richtung lenken. Zumindest kann ich dann gewinnen (Win-Lose), im besten Fall können sogar beide Beteiligten gewinnen (Win-Win).

Konflikte sind schlecht, oder?

Es ist nicht immer im Vorhinein schon klar, was positiv und was negativ zu sehen ist. Diese Feststellung gilt natürlich auch für Konflikte. Folgende Zen-Geschichte soll dies veranschaulichen:

> Ein Bauer besaß einen wunderschönen Hengst, um den ihn alle beneideten. Eines Tages verschwand das Pferd. Als er von den Dorfbewohnern ob seines Verlustes bedauert wurde, gab er zur Antwort:
> „Vielleicht ist es Pech, vielleicht auch nicht."
> Einige Tage später kehrte der Hengst mit einer Herde feiner Wildpferde zurück. Alle bewunderten sein Glück. Er hingegen antwortete wieder:
> „Vielleicht ist es Glück, vielleicht auch nicht."
> Nach einigen Wochen stürzte sein Sohn von einem dieser Wildpferde und verletzte sich schwer. Wieder wurde er wegen des Unglücks bedauert. Er aber antwortete wieder:
> „Vielleicht ist es Pech, vielleicht auch nicht."
> Dann zog ein Krieg ins Land und alle Söhne wurden zum Militärdienst einberufen. Keiner kehrte zurück. Nur der Sohn des Bauern musste wegen seiner schweren Verletzungen nicht in den Krieg.

Konflikte sind notwendig, wenn wir lernen und reifen wollen. Sie sind das Salz einer Beziehung. Allerdings: Wenn ein Konflikt nicht bearbeitet wird, erfasst er den ganzen Menschen, selbst wenn er sich dessen nicht bewusst ist, und beeinflusst seine Taten, Gedanken, Gefühle. Der nicht behandelte Konflikt bleibt als negative Energie immer im Hintergrund – bis zu dem Moment, in dem er in Form von Streit, psychosomatischer Krankheit oder Ähnlichem explodiert. Jene Explosion ist meistens durch einen Auslöser verursacht, der nicht unbedingt mit der unmittelbar erlebten Situation in Verbindung steht. Oft explodieren wir bei der falschen Person, am falschen Ort, wegen der falschen Ursache. Ein Reifungsprozess kann nur erfolgen, wenn wir unsere Konflikte nicht scheuen, sondern unsere Energie bewusst in Richtung Lösung steuern.

Verdrängte und nicht bearbeitete Konflikte kommen immer irgendwann an die Oberfläche. Sie werden durch die Körpersprache, durch Träume, sogenannte Freud'sche Versprecher oder gar psychosomatische Symptome verraten.

Werden Konflikte nicht beizeiten bearbeitet, kann passieren, was wir in einem deutschen Unternehmen erlebt haben:

> Es handelte sich um einen Betrieb mit ca. 500 Mitarbeitern, in dem ein Diplomingenieur die Forschungs- und Planungsabteilung leitete und zu den Werkstättenleitern, die umzusetzen hatten, was der Diplomingenieur entwarf, in einem sehr großen Konkurrenz- und Spannungsverhältnis stand. Er fühlte sich überlegen, nicht nur wegen der akademischen Ausbildung. Eines Tages fertigte der Diplomingenieur eine fehlerhafte Zeichnung an. Der Werkstättenleiter erkannte den Fehler, weil aber die Beziehung schlecht war, baute man das Werkstück, eine Turbine. Das Ergebnis war ein Schaden von einer Million Euro.

Unter Wettbewerbsbedingungen passieren Dinge, die unter Kooperationsbedingungen niemals geschehen würden. Hätten die beiden verstanden, dass das Ziel – nämlich der betriebliche Erfolg – die Anstrengung von beiden erfordert, dann hätten durch einen Telefonanruf und ein kurzes Gespräch der Fehler aufgedeckt und somit die Konsequenzen vermieden werden können.

Es gibt keine Patentlösung, die uns stets zu einer erfolgreichen Konfliktbewältigung führt. Eine Win-Win-Lösung ist nicht immer möglich und kostet sehr viel Kraft und Zeit. Wir können nie von Anfang an sicher sein, dass eine solche Lösung erreicht werden kann, so sehr sie auch angestrebt wird.

Konfliktmatrix: Beziehung / Schwere des Konflikts		
	Leichter Konflikt	Schwerer Konflikt
Gute Beziehung (Win-Win-Lösung)	Partner akzeptieren Unterschiede.	Partner sind mehr um Wahrheit bemüht als die eigene Position.
	Konfliktlösung ist leicht. Unterschiede werden ausgedrückt und verstanden.	Unterschiede werden ausgedrückt und verstanden. Ziel der Konfliktlösung ist, dass beide gewinnen.
Schlechte Beziehung (Win-Win-Lösung)	Jeder Unterschied stellt ein Problem dar. Aus kleinen Problemen werden große Probleme. Die Situation kann leicht eskalieren.	Unterschiede stellen unüberwindbare Probleme dar. Polarisierung Wenig Bereitschaft, auf Win-Win hinzuarbeiten Partner brechen Beziehung ab, das Ende ist schmerzvoll.

Abhängigkeit der Konfliktlösung von der Güte der Beziehung

Möglicherweise können wir ohne externe Hilfe den Konflikt überhaupt nicht lösen.

Die Anwendung von Instrumenten aus der Moderationstechnik kann sehr hilfreich sein, wenn es darum geht, einen Konflikt möglichst sachlich, allerdings ohne Vernachlässigung der Beziehungsebene, zu lösen. Selbst beim besten Willen kann ein Tischler ohne Werkzeug keine Möbel bauen. Ebenso benötigen wir für die Konfliktbewältigung auch Instrumente, die als „Arbeitsmaterial" bzw. Ressourcen betrachtet werden können.

An dieser Stelle wollen wir uns ein wenig mit der Konfliktbehandlung beschäftigen, wohl wissend, dass der Rahmen dieses Buches gesprengt würde, wenn wir zu sehr ins Detail gingen. Weiterführende Literatur finden Sie im Anhang.

Auf der Suche nach einer bestmöglichen Konfliktlösung könnte man folgende Stufen berücksichtigen:

1. Den Konflikt erkennen und benennen

Indem man den Konflikt beschreibt und benennt, sei es für sich selbst, sei es mit einem Ansprechpartner, wird schon einiges darüber klar, welches der erste Schritt in Richtung Lösung sein könnte.

Hilfreiche Fragen:

- Welchen Konflikt gibt es tatsächlich?
- Zwischen wem?
- Welche expliziten Gründe werden dafür genannt?
- Können schon hier verdeckte Gründe entdeckt werden, welche die eigentlichen Konfliktursachen zu sein scheinen?

2. Verständnis für die Position des anderen aufbringen

Dies ist möglich unter der Voraussetzung, dass sich die Parteien (noch) nicht in ihren Standpunkten festgefahren haben und noch an einer Win-Win-Lösung interessiert sind (siehe Grafik „Konfliktmatrix").

Es hat sich bewährt, mit der Hilfe von einfachen Mitteln wie Flipchart oder Kärtchen die Gründe der jeweiligen Konfliktparteien aufzuschreiben, da der Prozess des Schreibens allein schon sehr viel Klarheit über den Konflikt selbst ermöglicht. So wird Raum für Reflexion geschaffen. Der Kreativität sollen keine Grenzen gesetzt sein, wenn es um die Technik zur Klärung des Sachverhaltes geht, denn durch das Aufschreiben wird die Position der einen Partei konkret sichtbar für die andere. In dieser Phase spielt das aktive Zuhören eine zentrale Rolle.

Es könnte sein, dass eine oder mehrere Konfliktursache(n) von den involvierten Parteien nicht erkennbar ist bzw. sind, sondern erst einer dritten unparteischen Person auffällt (zum Beispiel im Zuge einer Moderation). Oft sieht erst der Moderator oder die Moderatorin, welche verborgenen Ursachen in der Konfliktsituation existieren.

Hilfreiche Fragen:

- Wer hat welche Sicht der Dinge? Die Parteien hören einander aktiv zu.
- Welchen erkennbaren Grund gibt es für den Konflikt?
- Welche Gefühle kommen bei den jeweiligen Parteien auf?
- Gibt es Gründe, die den jeweiligen Parteien unbewusst sind, aber die eine latente Konfliktursache darstellen?

3. Konstruktive Diskussion

Hier fängt die eigentliche Suche nach Lösungsmöglichkeiten an. Nach einem positiven Verlauf erarbeiten nun beide Konfliktparteien Lösungsansätze, die von ihnen auch umgesetzt werden. Die Konfliktlösung findet sich, wenn die Beziehung eine gute Basis hat.

Bei einer Konflikteskalation bzw. bei einer schlechten Beziehung ist meistens in dieser Phase keine konstruktive Diskussion möglich, sondern der Prozess artet in einen Krieg der Vorwürfe aus. Die Parteien sprechen oft persönliche Beleidigungen aus, die aus dem tiefen Inneren kommen und die mit dem vermutlichen Konfliktgrund nichts zu tun haben.

Mobbing ist eine häufige weitere Eskalationsstufe bei ungleichwertigen Parteien. Eine Partei ist hier auf die Vernichtung der anderen aus (siehe in diesem Kapitel den Abschnitt „Konfliktspirale"). Häufig bei Mobbing-Situationen sind die Verbreitung von Unwahrheiten und Gerüchten, Sabotageakte und andere negative Verhaltensweisen. Da können sich die Parteien in der Regel nicht mehr allein helfen, sondern das Einschreiten eines Moderators ist unbedingt notwendig, um eventuell noch eine positive Konfliktlösung zu erzielen. Wenn die Situation schon so weit eskaliert ist, dass keine positive Lösung mehr zu erwarten ist, kann vom Moderator oder Mediator nur mehr Schadensbegrenzung erreicht werden.

Hilfreiche Fragen:

- Welche Lösungen sieht welche Partei?
- Gibt es gemeinsame Punkte in der Lösungsfindung? Welche?
- Wie kann die Lösungsumsetzung aussehen?
- Wer macht was, wann und wie?

4. Begleitete Konfliktlösung: Kompromissfindung

Hier ziehen die involvierten Parteien einen Moderator hinzu, sind allerdings in ihrer Sicht des Konflikts sehr verhärtet und können Ursachen und Lösungen nur durch einen starken Filter getrübt sehen. Der Moderator muss in der Regel erst versuchen, die Parteien von der emotionalen auf eine möglichst sachliche Ebene zu bringen, wobei Gefühle nicht außer Acht gelassen werden dürfen. Diese werden vom Moderator erkannt und benannt. Auf der Metaebene werden die Gefühle und die Situation analysiert, ohne die Positionen als richtig oder falsch abzustempeln. Die Parteien müssen erst einmal klar sehen können, worum es eigentlich geht.

In dieser Phase ist eine echte Win-Win-Lösung nur mehr sehr unwahrscheinlich. Der moderierte Lösungsfindungsprozess ist extrem zeitintensiv und bedarf einer hohe Energieinvestition beider beteiligten Parteien, da die Beziehungsebene erst einmal analysiert und wiederhergestellt werden muss. Allerdings bleibt für eine Kompromisslösung noch genügend Raum.

In seinem Buch über „Konfliktmoderation" schreibt Alexander Redlich von „Positionen in Bewegung bringen und Regelungen aushandeln". Auch Schulz von Thun bietet in seinen Büchern eine Vielzahl von psychologischen Handwerkszeugen für die Gesprächs- bzw. Transaktionsanalyse, welche von unschätzbarem Wert in der Konfliktbewältigung sind. Seine Theorien gehen auf Paul Watzlawick und Karl und Charlotte Bühler zurück, die über dieses Thema schon Anfang des 20. Jahrhunderts geforscht haben.

Hilfreiche Fragen:

- Worum geht es eigentlich jeder Partei? Welche Gefühle kommen auf?
- Welche Wünsche bestehen?
- Welche Sichtweisen der Dinge gibt es?
- Welche latenten Gründe gibt es für den Konflikt?
- Wie kann man nach dieser Klärung den Konflikt neuerlich formulieren?
- Welche Lösungsansätzen ergeben sich daraus für beide Parteie?
- Wer macht was, wann und wie?

Konfliktarten

Es ist für die Bearbeitung und Lösung von Konflikten nicht einerlei, um welche Art von Konflikt es sich handelt. Denn in der Art des Konflikts steckt zumeist schon ein Lösungsansatz. Kompliziert wird die Situation dann, wenn zum Beispiel ein Zielkonflikt vorgegeben wird, es sich in Wirklichkeit aber um einen Beziehungskonflikt handelt. Erfährt Letzterer keine Lösung, kommt es vermutlich immer wieder zu Stellvertreterkonflikten. Für die beteiligten Personen ist es also wichtig, den eigentlichen Konflikt zu erkennen und entsprechend daran zu arbeiten.

Gründe für Konflikte gibt es unzählige. Wenn wir die Konflikttypologie verstehen, dann können wir wahrscheinlich eine passende Lösungsstrategie entwickeln. Es folgen einige wichtige Beispiele von Konflikttypen. Diese Liste könnte beliebig erweitert werden:

Zielkonflikte

Die Beteiligten sind sich nicht einig, wie das gemeinsame Ziel lauten soll. Zielkonflikte entstehen, wenn über das zukünftige Vorgehen in einem bestimmten Zusammenhang Uneinigkeit herrscht.

So handelt es sich um einen Zielkonflikt, wenn ein Teil einer Gruppe Bergsteiger den Berg A, der andere Teil jedoch Berg B besteigen will. Oder ein Partner möchte nach Griechenland in Urlaub fahren, der andere nach Tunesien. Ebenso handelt es sich um einen Zielkonflikt, wenn ein Geschäftsführer expandieren will, der andere aber reduzieren. Die unterschiedlichen Ziele beziehen sich also auf die Unternehmensstrategie.

Beziehungskonflikte

Beziehungskonflikte sind nicht immer offensichtlich, da es normalerweise einen Vorwand gibt. Das heißt, der reale Konflikt ist latent und etwas anderes wird für den aktuellen Konflikt verantwortlich gemacht. Es braucht sehr viel Fingerspitzengefühl, um eine Eskalation zu vermeiden. Gute Kommunikationsfähigkeiten und emotionale Intelligenz sind unbedingte Voraussetzungen, um zu einer Win-Win-Lösung zu kommen.

Wenn unterschiedliche Auffassungen über die Beziehung zwischen zwei Individuen oder Gruppen bestehen, wird dies als Beziehungskonflikt bezeichnet. Es kann sich um einen kollegial auf den Chef zugehenden jungen Mitarbeiter handeln, durch den der Vorgesetzte sich in seiner Autorität nicht akzeptiert fühlt. In Partnerbeziehungen kommt es häufig zu Beziehungskonflikten, weil die Art und Intensität des Verhältnisses oft verschieden gesehen wird. Jane Goodall beschreibt Beziehungskonflikte auch bei Schimpansen, da sie in einem sehr engen sozialen Verband mit sehr ausgeprägten Beziehungen leben.

Verteilungskonflikte

Ein Beispiel wäre der Geldtopf in den Firmen. Die jährliche Verteilung zwischen den Abteilungen kann Konflikte verursachen, da jede Abteilung das meiste für sich sichern möchte. Ein weiteres Beispiel wäre der Bazar: Der Verkäufer will immer mehr für seine Produkte, als der Kunde zahlen möchte. Ressourcen- und Verteilungskonflikte sind die im Tierreich am häufigsten anzutreffenden Konflikte.

Allen Beispielen gemein ist, dass das Angebot kleiner ist als die Nachfrage. Parallelen zur Situation des Kaufkraftüberhangs in einigen Ländern des ehemaligen Ostblocks drängen sich auf, wo Menschen sich stundenlang anstellen mussten, um vielleicht noch einen Laib Brot oder das ersehnte Paar Winterschuhe zu ergattern. Meistens war nicht Geld das knappe Gut, sondern die Konsumartikel selbst. Viele Konflikte zwischen der Ersten und der Dritten Welt, zwischen Reich und Arm gehen auf Ressourcenkonflikte zurück. Auch Kriege werden oft wegen knapper Ressourcen ausgetragen. So stellen die mangelnden Trinkwasserreserven im Nahen Osten eine ernste zukünftige Kriegsgefahr dar.

Beurteilungskonflikte

Beurteilungskonflikte entstehen, wenn zwei Parteien eine bestimmte Situation unterschiedlich bewerten. Meinungsunterschiede über ein bestimmtes Thema gehören in diese Kategorie, ebenso Diskussionen über das Risiko einer bestimmten Vorgehensweise. Ein klassisches Beispiel sind Punkt- und Schiedsrichter bei sportlichen Wettbewerben, die sich über eine bestimmte Leistung uneinig sind.

Normenkonflikte

Die schwerwiegendste Form stellen die Normenkonflikte dar. Sie sind durch die Verschiedenheit des Glaubens bedingt. Das Wertesystem, auf welchem die Normen beruhen, bildet sich in frühester Kindheit heraus. Daher ist es sehr stark in der Persönlichkeit verankert und man wird es auch im Falle eines Konflikts kaum über Bord werfen. Man denke hierbei nur an die Abtreibungsdiskussion, Religionskonflikte oder die unterschiedliche Auffassung unter Eltern über Kindererziehung.

Interkulturelle Konflikte

Durch die Verschiedenheit der Kulturen können Konfliktsituationen auftauchen, u. a. weil sich die Beteiligten missverstehen. Die Körpersprache kann irreführend sein oder falsch interpretiert werden.

> Ein Autokonzern richtete ein Großraumbüro für Entwickler aus Deutschland, Japan und USA ein. Es galt, neue Autotypen zu entwickeln, die in den drei Kontinenten Anklang finden sollten. Die Amerikaner mochten das Großraumbüro, kamen gegen neun Uhr zur Arbeit und blieben bis spät. Ihre Arbeitsintensität war allerdings geringer als die der Deutschen. Sie machten mehrere Pausen, in denen sie Kaffee tranken und mit Kollegen plauderten. Die Deutschen verklebten die Trennwände aus Glas mit Plakaten, um zumindest ein wenig Privatsphäre zu haben. Sie erschienen früh im Büro, arbeiteten intensiv und verließen die Arbeitsstätte am frühesten von den dreien. Die Japaner arbeiteten eher nachts und schliefen in Besprechungen. Als die amerikanischen bzw. deutschen Kollegen mit ihnen sprachen, nickten sie mehrmals während des Gesprächs, was für jene Kollegen eindeutig eine Zusage bedeutete. Dieses Nicken jedoch bedeutete nichts anderes als „Ich habe dich gehört". Nach einigen Monaten wurde das Projekt wegen der Konflikte abgebrochen.

Dieses Beispiel zeigt sehr gut, warum es überaus wichtig ist, sich mit den kulturellen Aspekten der Kommunikation auseinanderzusetzen. Firmen mit internationalen Mitarbeitern investieren oft in Teamseminare, um das Kennenlernen der Teammitglieder und das interkulturelle Verständnis zu fördern.

Konflikte in der Natur

Konflikte treten selbstverständlich auch in der Natur auf. Um die Sichtweise der Biologie zu diesem Thema zu verstehen, müssen wir ein wenig ausholen und uns auf die molekulare Ebene begeben.

Paradoxerweise wird sowohl aggressives, vernichtendes als auch altruistisches Verhalten mit dem Trieb der Gene, sich selbst zu erhalten, erklärt. Auf den Punkt gebracht wurde die Theorie der „selfish genes" von Richard Dawkins in seinem gleichnamigen Buch. Er behauptet, dass die Gene selbst die Einheit der darwinistischen Selektion sind und nicht, wie Darwin glaubte, das Individuum als Träger dieser Gene. Konsequenterweise bezeichnet Dawkins daher das Individuum als „Vehikel der Gene". Seiner Theorie zufolge hat jedes Gen für sich das Bestreben, so lange wie möglich fortzuleben und so viele seiner Kopien in Umlauf zu bringen wie irgend möglich. Da der Organismus als Träger dieser Gene am besten geeignet ist, jene zu verbreiten, haben sich Mechanismen etabliert, aufgrund deren jeder Organismus sich fortzupflanzen versucht, so oft es geht. Das wäre auch eine Erklärung dafür, warum der Geschlechtstrieb der stärkste ist.

Es reicht aber noch nicht aus, so viele Nachkommen wie möglich zu zeugen, sondern diese sollten nach Möglichkeit auch noch selbst das geschlechtsreife Alter erreichen, um ihrerseits wieder Nachkommen in die Welt zu setzen. Damit erklärt sich die zum Teil sehr intensive Brutpflege. Auch sind Unterschiede zwischen männlichen und weiblichen Artgenossen auszumachen. Weibchen können nämlich nur eine begrenzte Zahl von Jungen zur Welt bringen, Männchen hingegen theoretisch eine sehr große Zahl Nachkommen zeugen. Das ist der erste große Konflikt im Tierreich.

Hier gibt es nun eine ganze Reihe von Lösungsstrategien: Bei einigen Tierarten wird das Männchen dazu angehalten, bei der Brutpflege mitzuwirken. Das hat natürlich die Konsequenz, dass es nicht mehr so viele Nachkommen zeugen kann, wie von der Natur vorgesehen. Aus diesem Grund müssen die Überlebenschancen für die Jungen durch das Mitwirken des Männchens wesentlich erhöht werden, damit sich diese Investition für den Vater auch auszahlt. Das heißt aber auch, dass sich der Vater seiner Vaterschaft absolut sicher sein muss, da er sonst in die Gene eines anderen Artgenossen investieren würde anstatt in seine eigenen. Deswegen kommt es bei vielen Tierarten vor, dass der Stiefvater die Jungen seines Weibchens, welche nicht von ihm gezeugt wurden, tötet und manchmal sogar auffrisst. Selbst in menschlichen Gesellschaften ist die häufigste Form des Kindermordes diejenige, bei der der Stiefvater die Kinder seiner Partnerin tötet.

Wir haben uns bis jetzt ausschließlich mit aggressivem Verhalten zur Verbreitung der eigenen Gene befasst. Im wirtschaftlichen Zusammenhang könnte man Parallelen zu aggressiver Expansions- und Verdrängungspolitik ziehen, wobei das verkaufte Produkt äquivalent zum Gen wäre. Im Sinne Dawkins' würde das heißen, dass jedes Produkt mit den anderen Produkten desselben Unternehmens in Konkurrenz stünde – was im innerbetrieblichen Wettbewerb zwischen Geschäftssparten häufig tatsächlich zu beobachten ist.

Ist Altruismus dumm?

Ausgesprochen interessant sind die Erklärungsmodelle von altruistischem, also helfendem Verhalten. Übrigens beschränkt sich Altruismus keineswegs nur auf den Menschen. Er ist im Tierreich sogar sehr verbreitet! Die nötige theoretische Erklärung dafür lieferte die Soziobiologie, welche sich mit tierischem und menschlichem Verhalten von einem evolutionären Standpunkt aus befasst. Sie wurde von Edward Wilson begründet, der seine wichtigsten Studien an Ameisen machte. Die Soziobiologen unterscheiden zwischen zwei Ausgangssituationen:

1. altruistischem Verhalten gegenüber verwandten Individuen (Verwandtenselektion, „kin selection")
2. altruistischem Verhalten gegenüber *nicht* verwandten Individuen (reziproker Altruismus)

Im ersten Fall ist der Sachverhalt bezogen auf die Gene relativ klar. Angenommen, ich selbst habe keine Kinder, meine Schwester jedoch hat Zwillinge, kann diese aber nicht sehr gut versorgen: Es kann nun im Sinne meines Reproduktionserfolges (oder genauer gesagt des Verbreitungserfolges meiner Gene) sinnvoller sein, meine Schwester bei der Aufzucht meiner Nichten sehr ausgiebig zu unterstützen, anstatt selbst Kinder zu zeugen. Es ist wichtig, dass beide gesund in ein reproduktionsfähiges Alter kommen und dann aufgrund der durch die Unterstützung verbesserten Ausgangslage mehr eigene Kinder in die Welt setzen können, wodurch auch meine Gene wieder verbreitet werden. Zwar haben meine Nichten bzw. Neffen im Schnitt nur 25 Prozent meiner eigenen Gene, eigene Kinder hingegen 50 Prozent. Diese Rechnung kann jedoch trotzdem aufgehen, nämlich dann, wenn deren Zahl bzw. die Zahl ihrer eigenen Nachkommen mehr als doppelt so groß ist wie die zu erwartende meiner eigenen Nachkommen oder deren Kinder. Tatsächlicher Reproduktionserfolg lässt sich immer nur retrospektiv über viele Generationen ermitteln.

Eine ähnliche Situation besteht, wenn sich Eltern für ihre leiblichen Kinder opfern. Aus genetischer Sicht ein absolut logisches Verhalten. Daniel Goleman beschreibt eine solche Geschichte in seinem Buch „Emotionale Intelligenz":

> „Die letzten Augenblicke im Leben von Gary und Mary Jane Chauncey, einem Ehepaar, das mit ganzer Hingabe an ihrer elfjährigen Tochter Andrea hing, die durch eine Gehirnlähmung an den Rollstuhl gefesselt war. Die Chauceys saßen in einem Zug, der von einer Brücke stürzte, deren Pfeiler im Mississippidelta von einem Lastkahn gerammt worden waren. Die Eheleute dachten zuerst an ihre Tochter, und als das Wasser durch die Fenster in den Wagen strömte, taten sie alles, um ihre Tochter zu retten; irgendwie schafften sie es, Andrea durch ein Fenster zu schieben, wo sie von den Rettungsmannschaften in Empfang genommen wurde. Dann ging der Wagen unter und sie ertranken."

Sogar in Volkssagen kann man dieses Muster wieder finden, wie folgende Parabel aus Lettland veranschaulicht:

> Eine Vogelmutter hatte drei Junge auf einer Insel, welche noch nicht fliegen konnten. Eines Tages kam es zu einer Springflut, und die Vogelmutter hatte nur Zeit, eines der Jungen zu retten. So nahm sie das erste auf und flog mit ihm in Richtung Festland. Sie fragte das Junge: „Wenn du vor der Wahl stündest, mich zu retten oder deine eigenen Jungen, wen würdest du zuerst retten?" „Dich, liebe Mutter, so wie du mich jetzt rettest." Sie ließ das Junge fallen und kehrte zu den zwei verbliebenen Jungen zurück. Wieder nahm sie das Junge

auf, flog mit ihm in Richtung Festland und wieder fragte sie es: „Wenn du vor der Wahl stündest, mich zu retten oder deine eigenen Jungen, wen würdest du zuerst retten?" Und wieder lautete die Antwort: „ Dich, liebe Mutter, so wie du mich jetzt rettest." Wieder ließ sie das Junge fallen und kehrte zum verbleibenden Jungen auf der Insel zurück. Sie stellte auch diesem Jungen die gleiche Frage, und als es antwortete, dass es die Jungen zuerst retten würde und dann erst die Mutter, nahm die Vogelmutter ihr Junges auf und brachte es auf das Festland.

Warum wir helfen

Altruistisches Verhalten gegenüber *nicht* verwandten Individuen ist gegenüber den vorhergehenden Fällen nicht mehr so offensichtlich logisch. Vergeudet man doch Ressourcen und riskiert vielleicht seine eigene Gesundheit oder sogar sein Leben, um jemandem zu helfen, der nicht einmal die eigenen Gene weiterverbreitet. Nun hilft sich die Soziobiologie hier mit dem Terminus „reziproker Altruismus", was so viel bedeutet wie: „Ich helfe dir und hoffe, dass auch du mir helfen wirst, wenn ich es brauche."
Jan de Waal beschreibt den reziproken Altruismus etwas systematischer:

1. Die einander erwiesenen Gefälligkeiten sind vorläufig nur für den Empfänger von Vorteil, während sie dem Helfenden zunächst etwas abverlangen.
2. Zwischen Geben und Nehmen verstreicht eine gewisse Zeit.
3. Geben erfolgt in Abhängigkeit von Nehmen.

Danach wird helfendes Verhalten, bei dem der Nutzen für den Helfer sofort zurückkommt, nicht als reziproker Altruismus bezeichnet. So profitieren jagende Wölfe oder Löwen, welche die Beute gemeinsam erlegen, unmittelbar davon. Auch Flamingos, die sich im Flachwasser gegenseitig die Fische zutreiben, haben unmittelbaren Nutzen von ihrem helfenden Verhalten.
Dem kann das Beispiel von Vampiren entgegengehalten werden, bei dem es sich um echten reziproken Altruismus handelt. Vampire sind eine Art von Fledermäusen, die in der Nacht mit ihren rasiermesserscharfen Zähnen Säugetieren wie Rindern, Pferden etc. Blut absaugen. Wenn sie ihren Magen

gefüllt haben, kehren sie zu dem hohlen Baum zurück, in dem sie den Tag verbringen. Dort teilen sie ihre Beute auch mit nicht verwandten Artgenossen, indem sie ihnen das Blut einflößen. Wenn sie also ihre Blutmahlzeit nach einem Beuteflug teilen, können sie keineswegs sicher sein, dass die andere Fledermaus am nächsten Tag das Gleiche tut.

Von anderen Mustern der Kooperation unterscheidet sich der reziproke Altruismus also insofern, als er mit einem gewissen Risiko verbunden und von gegenseitigem Vertrauen abhängig ist. Er setzt auch voraus, dass Individuen, die ihren Beitrag nicht leisten, ausgestoßen oder bestraft werden, damit nicht das ganze System in sich zusammenbricht.

Dass diese Rechnung nicht immer aufgeht, wissen wir alle aus Erfahrung. Es dürfte sich aber trotzdem oft genug ausgezahlt haben, da sonst die Evolution ein entsprechendes Programm nicht den meisten höheren Tieren weitergegeben hätte. Im Grunde ist solches Verhalten der Beginn von Kooperation.

Überleben des Fittesten

Das Konzept des reziproken Altruismus ist relativ jung und wurde von Charles Darwin in seinem bahnbrechenden Werk „On the origin of species" nicht erwähnt. Der Ökonom Thomas Malthus wandte die darwinistischen Prinzipien auf die Gesellschaft an, allerdings aus dem Zusammenhang gerissen. So behauptete er, dass jegliche den Armen gewährte Unterstützung ihnen erlaube, zu überleben und sich fortzupflanzen, und daher dem natürlichen Prozess entgegenwirke, der diese Unglückseligen dazu bestimme, wegzusterben. Der Philosoph Herbert Spencer trieb es auf die Spitze, indem er behauptete, dass die Verfolgung des Eigeninteresses als eigentlicher Lebensnerv aller Gesellschaften für das Fortkommen auf Kosten der Schwachen nötig sei. „Survival of the fittest" in Reinkultur!

Einer von Darwins Zeitgenossen war Peter Kropotkin, ein russischer Prinz, Naturforscher und Intellektueller. Er veröffentlichte 1902 sein Buch „Gegenseitige Hilfe in der Tier- und Pflanzenwelt", in dem er das von ihm vertretene Evolutionsprinzip veranschaulichte. Dieses Werk stand in vielen Punkten im Gegensatz zur damaligen Lehrmeinung, dass das Recht des Stärkeren die treibende Kraft in der Natur sei. Laut Kropotkin müssen Tiere in gegenseitiger Hilfe einander in ihrem Existenzkampf beistehen, der nicht so sehr ein Kampf aller gegen alle ist, wie der Darwinismus es oft sieht, sondern der

Kampf eines Verbandes von Organismen gegen die feindliche Umwelt. Kooperation ist allgemein verbreitet, wenn beispielsweise Biber einen Damm bauen oder Pferde einen Schutzring gegen angreifende Wölfe bilden. Mit seiner Betonung der Neigung zur Gemeinschaftsbildung bei Tieren stand Kropotkin nicht allein: Einer ganzen Generation russischer Wissenschaftler behagte es nicht, wie sehr in der Evolutionstheorie dem Konkurrenzgedanken Vorrang gegeben wurde.

In einer aufschlussreichen Abhandlung über die russische Naturwissenschaft mit dem Titel „Darwin without Malthus" behauptet Daniel Todes, möglicherweise hätten geografische Gründe eine Rolle bei der Herausbildung dieser unterschiedlichen Betrachtungsweisen gespielt. Während Darwin sich auf einer Reise in üppige tropische Regionen zu seinen Ideen anregen ließ, machte Kropotkin sich im Alter von 19 Jahren auf, um Sibirien zu erforschen. Ihre unterschiedlichen Vorstellungen spiegeln den Gegensatz zwischen einer Welt wider, in der das Leben leicht ist – was zu einer hohen Bevölkerungsdichte und intensivem Wettbewerb führt –, und einer Welt mit harten Lebensbedingungen und voller unvorhersehbarer Gefahren. Wenn sie über Evolution sprachen, hatten Kropotkin und seine Landsleute stets ihren spärlich besiedelten Kontinent mit den plötzlichen Wetterumschwüngen und extremen jahreszeitlichen Klimaunterschieden im Sinn. Dies wäre eine Erklärung dafür, dass es mehr Konflikte gibt, wenn es den Menschen gut geht – so paradox das klingt. Außerdem ordneten russische Gelehrte jener Zeit die Gladiatorenkampf-Theorie Malthus' als Erfindung der britischen Oberschicht zur Verteidigung des Status quo ein – ein Beispiel dafür, dass Wissenschaft und ihre Theorien nie unabhängig von gesellschaftlichen und politischen Rahmenbedingungen entstehen.

Es scheint also, dass es in der Natur viel mehr Kooperation gibt, als bis vor Kurzem angenommen. Warum dominieren in den Unternehmen dann vor allem Wettbewerb und Konkurrenz?

Wenn wir Unternehmungen betrachten, so gibt es für sie sehr oft kein einigendes Gesamtziel, sondern viele kleine Ziele, die überdies häufig versteckt oder widersprüchlich sind. Auch hat jeder Mitarbeiter seine persönlichen Ziele, die oft mit den Unternehmenszielen unvereinbar sind. Deswegen ist vielleicht in der heute üblichen Unternehmensstruktur Kooperation keine erfolgversprechende Strategie für das Individuum. Sie wäre es möglicherweise aus Sicht des Unternehmens, aber eben nicht aus jener der Mitarbeiter.

Mitarbeiter werden also nur dann zur Kooperation bereit sein, wenn sie auch etwas davon haben. Da Kooperation das Risiko in sich birgt, missbraucht zu werden, ist Vertrauen eine Voraussetzung. Vertrauen scheint als ein Schlüssel für lange währenden Unternehmenserfolg. Kurzfristig kann man allerdings mit Ausbeutung und Betrug wahrscheinlich sogar noch erfolgreicher sein.

Das Gefangenen-Dilemma

Ein hervorragendes Beispiel für den Wert von kooperativem Verhalten ist das sogenannte Gefangenen-Dilemma (prisoner's dilemma), welches in den Sozialwissenschaften und der Spieltheorie Eingang gefunden hat. Es handelt sich hierbei um folgende Annahme:

A(ndreas) und B(ert) haben gemeinsam eine Bank ausgeraubt und sind einige Zeit danach verhaftet worden. Die Beweise gegen die beiden sind äußerst dünn, es gibt aber einige Indizien. Nun werden die beiden mutmaßlichen Komplizen in Einzelhaft gesteckt, können also nicht mehr miteinander kommunizieren.

Der Staatsanwalt lässt Andreas und Bert einzeln vorführen und macht beiden das gleiche Angebot. Zuerst ist Andreas an der Reihe. Wenn er gegen seinen Komplizen Bert aussagt, dann geht er selbst straffrei aus und Bert muss für zehn Jahre hinter Gitter. Dieser Deal gilt aber nur, wenn Bert selbst nicht gegen Andreas aussagt, wobei Andreas ja nicht absolut sicher sein kann, dass Bert wirklich dichthält. Wenn beide gegeneinander aussagen, dann müssen sie für fünf Jahre hinter Gitter. Weigern sich beide auszusagen, dann gehen sie jeweils aufgrund der Indizienlagen für ein Jahr ins Gefängnis. Sagt Bert jedoch aus und Andreas nicht, so muss Andreas seinerseits für zehn Jahre ins Gefängnis, Bert jedoch kommt frei. Egal, wie sich Andreas entscheidet, der Ausgang hängt von der Aussage Berts ab und umgekehrt Berts Schicksal von Andreas' Aussage.

Natürlich werden sich die beiden Komplizen vor der Verhaftung abgesprochen haben. Aber die Unsicherheit bleibt, ob der andere nicht dem Druck des Staatsanwaltes nachgibt. Die folgende Tabelle soll die Situation nochmals veranschaulichen:

	B sagt aus	B sagt nicht aus
A sagt aus	Fünf Jahre Gefängnis für beide	B geht für zehn Jahre ins Gefängnis, A kommt frei
A sagt nicht aus	A geht für zehn Jahre ins Gefängnis, B kommt frei	Beide gehen für ein Jahr ins Gefängnis

Es zeigt sich deutlich, dass der ideale Ausgang (keine Gefängnisstrafe) für den einen gleichzeitig die schlechteste Lösung für den anderen darstellt. Können sie sich nun tatsächlich vertrauen? Das ist in dieser Situation die Schlüsselfrage. Wenn sie voneinander mit absoluter Sicherheit wissen, dass sie sich vertrauen können, dann werden sie wohl beide nicht aussagen, für ein Jahr in den sauren Apfel beißen und danach wieder das Leben genießen. Fällt jedoch einer oder fallen beide um, so sieht die Bilanz wesentlich schlechter aus.

In diesem Beispiel gibt es keine Proberunde, man muss also alles auf eine Karte setzen. Die Proberunden könnten bestenfalls vorher gespielt worden sein, indem sie sich gegenseitig schon mehrmals das Vertrauen bewiesen haben. Es geht also in den meisten Fällen um die Erfahrung miteinander. In der Tat wird Vertrauen langsam aufgebaut. Niemand würde so verrückt sein, einem Wildfremden auf der Straße eine Million zu borgen – einem langjährigen Geschäftspartner, mit dem man gute Erfahrungen gemacht hat, aber vielleicht schon. Dieses Phänomen machen sich Betrüger zunutze, indem sie langsam Vertrauen aufbauen und dann dieses plötzlich missbrauchen: Sie borgen sich zum Beispiel eine kleine Summe Geld aus und zahlen diese pünktlich zurück. Dann wird die geborgte Summe schon größer, aber ebenfalls pünktlich zurückgezahlt. Dieses Spiel wiederholen sie einige Male, manchmal über einen größeren Zeitraum hinweg. Wenn das Vertrauen des Gläubigers groß genug ist, leihen sie sich eine sehr große Summe Geld und werden nie wieder gesehen. Dass es solche Betrüger gibt, wissen wir alle. Die Frage ist nur: Wie verhält man sich am besten?

Evolution der Kooperation

Um diese Frage zu klären, wurde von Robert Axelrod das Gefangenen-Dilemma in ein Spiel mit mehreren Durchgängen abgewandelt. Die neuen Spielregeln sehen folgendermaßen aus:

Es gibt zwei Spieler. Das Spiel geht über 200 Runden. In jeder Runde kann Spieler A bzw. Spieler B entweder kooperieren (Wert C) oder nicht kooperieren (Wert D), wobei die Spieler beim Treffen ihrer Wahl nicht die Wahl des anderen Spielers kennen. Die Punkteverteilung nach jeder Runde ähnelt nun jener des Gefangenen-Dilemmas. Wenn beide kooperieren, bekommen beide drei Punkte. Wenn beide nicht kooperieren, erhalten beide keinen Punkt, und wenn einer der Spieler kooperiert, der andere jedoch nicht, so erhält der kooperierende keinen Punkt, der nicht kooperierende hingegen fünf Punkte.

	B kooperiert	B kooperiert nicht
A kooperiert	A und B 3 Punkte	B 5 Punkte, A 0 Punkte
A kooperiert nicht	A 5 Punkte, B 0 Punkte	A und B 0 Punkte

Axelrod lud nun unterschiedliche Forscher ein, ein Computerprogramm zu schreiben, welches das obige Spiel gewinnt. Dabei musste jedes Programm gegen alle übrigen Programme, gegen eine Kopie seiner selbst sowie gegen einen Zufallsgenerator für „C" und „D" antreten. Zu den 14 Mitstreitern in diesem Wettbewerb zählten Programme, die von Psychologen, Politologen, Mathematikern, Wirtschaftswissenschaftlern und Soziologen, welche das Gefangenen-Dilemma sehr eingehend untersucht hatten, geschrieben worden waren.

Aus diesem Wettbewerb ging ein Programm als eindeutiger Sieger hervor. Es handelte sich um eines der kürzesten, die an dem Wettbewerb teilgenommen hatten, und es griff auf eine sehr simple Strategie zurück. Diese beruhte zum Erstaunen der Teilnehmer auf bedingt kooperativem Verhalten. Die Grundidee war „Tit for Tat" („Wie du mir, so ich dir"). Beim ersten Zug arbeitete es mit dem Spielpartner zusammen und bei den folgenden Zügen tat es genau das, was das andere Programm in der vorhergehenden Runde gemacht hatte. Es war also nicht nachtragend, kooperierte aber auch nicht um jeden Preis.

Da 14 Teilnehmer keine statistisch große Zahl sind, wiederholte Axelrod den Wettbewerb, diesmal mit 62 Teilnehmern aus sechs Ländern, wobei die 14 Programme des ersten Turniers wieder mit von der Partie waren. Auch diesmal war „Tit for Tat" wieder der Sieger.

Axelrod wollte nun herausfinden, ob „Tit for Tat" auch in realen, von der Evolution gesteuerten Welten erfolgreich sein würde. Hierzu brachte er die verschiedenen Programme in eine neue Computersimulation ein, in der nachgestellt wurde, wie die Tiere einer Population in Wechselwirkung treten und sich fortpflanzen. Im Grunde lauteten die Spielregeln wie im vorherigen Wettkampf, nur dass anstelle von Punkten Nachkommen vergeben wurden, die ihrerseits wieder die Strategie ihrer Vorfahren lebten.

Anfangs vermehrten sich vor allem die „Betrüger"-Strategien – besonders das „Nie-kooperieren-Programm" –, weil sie die „naiven", kooperierenden Programme übervorteilten. Im weiteren Spielverlauf konnten aber kooperierende Programme immer mehr die Oberhand gewinnen, allen voran „Tit for Tat".

Wir spielen in unseren Seminaren dieses Spiel sehr oft nach und das Bild ist fast immer das gleiche: Eine Gruppe versucht zu kooperieren, die andere tut dies nach einigen Runden nicht mehr. Am Ende kooperieren beide nicht mehr und erhalten somit keine Punkte. Nach zehn Runden können die Gruppen jeweils vor der nächsten Runde einen Unterhändler zu einem Gespräch mit einem Unterhändler der Gegengruppe entsenden. Das Ergebnis nach diesen Verhandlungen verläuft signifikant besser.

Was können wir aber daraus lernen?

- Wenn die anderen nicht wollen, ist Kooperation unmöglich.
- Durch Verhandlungen (am besten moderiert) kann ein festgefahrener Karren wieder befreit werden.

In seinem Buch „Vom Töten zu Mord" beschreibt Christian Vogel die Theorie Axelrods:

„Axelrod konnte auf spieltheoretischer Basis allgemein verständlich darstellen, wie verlässliche Reziproksysteme (rückkoppelnde Systeme, Anm.) kooperativen Verhaltens auf rein eigennütziger Motivationsbasis und ohne jede übergeordnete Außensteuerung, allein über einen der natürlichen Selektion entsprechenden Mechanismus der individuellen Erfolgsmaximierung, entstehen und sich ausbreiten können. Auch hier bedarf es keiner das Gemeinwohl schützenden und fördernden übergeordneten Instanz, sei dies nun die biologische Spezies als selbstregulative Einheit höherer Ordnung oder eine das *bonum commune* (Gemeinwohl, Anm.) verfassungsgemäß im Auge haltende Staatsregierung."

Allerdings ist ein bestrafendes System (Gerichte, Polizei etc.) sehr wohl notwendig, wenn der (Geschäfts-)Kontakt nur einmal stattfindet. Dann ist die Situation nämlich ähnlich wie jene beim Gefangenen-Dilemma. Als Beispiel sei hier der Internethandel erwähnt:

Wenn ein Internetanbieter innerhalb weniger Tage mit Kreditkartenbetrug viele Millionen scheffeln kann und dann einfach verschwindet oder unter anderem Namen im Cyberspace erneut sein Unwesen treibt, so ist es zum Wohle der Gesellschaft unbedingt notwendig, solchen Betrügern das Handwerk zu legen. Der Kaufmann nebenan kann sich solches Verhalten nicht leisten, denn er ist an sein Geschäftslokal und somit an den Ort gebunden und auf gute Geschäftsbeziehungen angewiesen, will er wirtschaftlich überleben.

Da es sich bei dem Kaufmann um echte rückkoppelnde Systeme handelt, ist auch viel seltener eine Intervention (Klage, Anzeige) nötig.

Die Evolution lehrt uns: Langfristig zahlt sich kooperatives Verhalten aus. Kurzfristig kann man aus unfairem und aggressivem Verhalten aber Kapital schlagen.

Die Konfliktspirale

Wenn die Kooperation zwischen den Parteien oder Systemen nicht gelingt, können sie in eine Konfliktspirale rutschen, die folgendermaßen aussieht: Störung ➜ Debatte ➜ bedrohliche Situation ➜ „Fight or Flight" ➜ Vernichtung.

Störung

Sie steht am Anfang jeder Konfliktsituation. Den Beteiligten ist oft nicht klar, woher diese Störung kommt; jedenfalls ist sie spürbar. In dieser Phase wäre die Konfliktbearbeitung noch leicht möglich, wird aber oft versäumt. Einerseits ist der Grund der Störung nicht ganz klar, andererseits scheuen die Beteiligten eine Diskussion.

Debatte

Die Störung ist so weit bewusst und störend geworden, dass sie nicht mehr unterdrückbar ist. Es kommt zu einem Gespräch, das oft im Streit endet. Ein Wort gibt das andere und die Wortwahl wird zunehmend negativ.

Bedrohliche Situation

Im Zuge der Eskalation werden die Tatsachen vergessen, negative Gefühle überwiegen und die Handlungen werden von ihnen dominiert. Der Konflikt raubt den Beteiligten Energie. Jede Partei versucht, ihre Meinungen zu verteidigen, ohne die andere Seite überhaupt anzuhören.

„Fight or Flight"

Es kommt zur konkreten Aggression durch Worte. Wenn es so weit ist, hilft meistens nur der Einsatz eines Moderators oder die Gerichte werden bemüht. Die Beziehung zwischen den Parteien ist stark gestört.

Vernichtung

Vernichtung ist die letzte Stufe, wenn Kampf die gewählte Strategie ist. Beide Parteien rutschen in den Bereich der Gewalttätigkeit, deren Folgen die Zersplitterung bzw. die Vernichtung der Beziehung oder des Gegners sein kann. Die Schädigung des Gegners rückt dabei in den Vordergrund. Oft kann ein Eingriff einer höheren Instanz, etwa ein gerichtliches Urteil, die Situation einigermaßen entschärfen, indem eine Lösung erzwungen wird. Selbstverständlich können wir in diesem Fall nicht davon ausgehen, dass die beste Win-Win-Lösung gefunden wird. In weniger zivilisierten Bereichen kommt es zu Mord und Totschlag.

Lösungsansätze

Es gibt kein Rezept, mit Konflikten zurechtzukommen, da auch keine Standardlösung existiert. Jede Konfliktsituation ist einzigartig und muss individuell behandelt werden. Die Lösung sollte auf die spezielle Situation zugeschnitten sein und im Einklang mit den Wertsystemen und Gefühlen der Beteiligten stehen, sonst ist sie keine befriedigende Lösung.

Einige grundsätzliche Lösungen von Konflikten haben sich im Laufe der Geschichte herauskristallisiert:

KONFLIKTLÖSUNGEN

Mögliche Lösungen von Konflikten

Betrachten wir eine steinzeitliche Gruppe. In dieser Gruppe gibt es einen Häuptling sowie eine ganze Reihe Männer und Frauen; die Frauen sind in der Minderzahl. Deshalb ist es nur allzu natürlich, dass sich zwei männliche Stammesangehörige, nennen wir sie A und B, um eine weibliche Artgenossin streiten. Im Zeitalter der Gleichberechtigung könnten wir die Rollen natürlich auch umdrehen, was an dem Beispiel nicht viel ändern würde. Da in grauer Vorzeit matriarchalisch geführte Gruppen seltener waren als patriarchalisch geführte, mögen uns die Leserinnen verzeihen.

Vernichtung

Wir haben also die beiden männlichen Kontrahenten, die sich um die schöne C streiten. Nun wäre die einfachste Lösung für A, dass es den Konkurrenten B gar nicht gäbe. Er sorgt genau dafür, indem er B umbringt. Diese Variante birgt allerdings einige Risiken. Erstens weiß A nicht sicher, ob er siegreich aus dem Kampf hervorgehen wird. Zweitens hat B vielleicht Verbündete in der Gruppe und A wäre sich seines Lebens nicht mehr sicher. Die Vendetta (Blutrache) in Sizilien entstammte der gleichen Situation und zog sich oft über viele Generationen.

Flucht

A könnte B verjagen bzw. B sich vertreiben lassen, um einem Kampf auszuweichen. Diese Lösung wäre für B sicher der ersten vorzuziehen, wenn er im Kampf vermutlich unterläge. Aber wohin soll er gehen? Hat er allein in der Wildnis überhaupt Überlebenschancen? Wenn die Flucht für B zu riskant ist, hat er noch eine dritte Möglichkeit:

Unterordnung

B erkennt die Vorherrschaft von A an, überlässt ihm die schöne C und beide leben in Frieden weiter. Nun hat auch diese Variante einen Haken: Sobald sich B stark genug fühlt, A herauszufordern, so wird er dies vielleicht tun. A weiß das natürlich und wird deswegen immer wieder ein Zeichen der Unterordnung einfordern.

Aus der Geschichte Südamerikas ist ein ähnliches Beispiel bekannt geworden. Die Inkas haben viele andere Kulturen im heutigen Peru und Ecuador unterdrückt, sie aber weiterleben lassen. Die Unterworfenen mussten allerdings immer wieder ihre Loyalität beweisen, indem sie etwa zu Opferzeremonien beisteuerten und Tribut leisteten. Da die unterdrückten Völker wussten, dass sie militärisch nichts gegen die herrschenden Inkas ausrichten konnten, nahmen sie lieber die Unterdrückung in Kauf, als im Kampf zu sterben. Flucht war aufgrund des wenigen fruchtbaren Landes nicht möglich. Die Situation änderte sich jedoch schlagartig, als einige verwegene Spanier mit Musketen und den präkolumbischen Kulturen bis dahin unbekannten Pferden ankamen. Nun witterten die Unterdrückten ihre Chance und verbündeten sich mit den Neuankömmlingen! Nur so konnten die Konquistadoren so rasch die bis dahin herrschenden Inkas besiegen. Unterwerfung bedarf also eines dauernden Druckmittels vonseiten des Unterdrückers.

Delegation

Zurück zu unseren unglücklich Verliebten. Sie hätten die Möglichkeit, ihr Problem dem Häuptling vorzutragen und um seine Entscheidung zu bitten. Eine zweifelsohne gute Lösung. Denn das Wort des Häuptlings hat in der Gemeinschaft sicherlich Gewicht und der Auserwählte könnte sich dann vor Racheakten relativ sicher fühlen. Auch der nicht Beglückte könnte aus dem Konflikt ohne großen Gesichtsverlust hervorgehen. Das Risiko besteht darin, dass der Häuptling nicht im Sinne einer der Parteien entscheidet, sondern eine für A und B unbefriedigende Lösung findet. Vielleicht gefällt ihm C ja selbst – und so behält er sie für sich.

Für unsere Zeit gilt: Noch nie wurden so viele Konflikte vor Gerichten ausgetragen wie heute. Der Anwalt ist der wichtigste Berater jedes Unternehmens geworden, Verträge werden peinlich genau auf mögliche Fallen untersucht. Auch für Gerichte gilt aber, dass der Entscheid sehr lange dauern kann, kostspielig ist und beide Parteien oft mit dem Ergebnis unzufrieden sind.

Kompromiss

Unsere beiden Kameraden könnten sich natürlich auch auf einen Kompromiss einigen. Ein möglicher Ansatz wäre, zu teilen. Da Dreiecksbeziehungen schon damals mit großen Problemen verbunden waren, ist von dieser Variante eher abzuraten.

Viel eher eignen sich Kompromisse bei Verteilungskonflikten – etwa Lohn- oder Preisverhandlungen. Jede der Konfliktparteien muss etwas von der eigenen Idealvorstellung aufgeben und so trifft man sich in der Mitte. Keiner der beiden ist zwar vollkommen zufrieden, aber die Lösung ist tragbar und dauerhaft. Gewarnt sei allerdings vor faulen Kompromissen.

Konsens

Der Konsens ist die Krönung der Konfliktlösung. Er braucht viel Zeit und guten Willen von beiden Seiten. Wird er aber erreicht, so ist er die bei Weitem beste Variante. A und B versetzen sich dabei in die Lage des anderen und versuchen gemeinsam, oft mit Unterstützung eines Moderators, eine Lösung zu finden, die besser ist als die beiden Einzelwünsche zusammen. Die Konsenslösung liegt häufig näher, als wir glauben. Im Verlauf des Konflikts sind wir aber oft zu blind, sie zu sehen. Daher benötigen wir externe Hilfe und Zeit.

Eine Seminarteilnehmerin berichtete von ihrer Scheidung als wirkliche Konsenslösung. Anfangs gab es natürlich Kränkungen und alles sah nach einem Rosenkrieg aus. Dann besannen sich beide und durchliefen einen Moderationsprozess mit zwei Moderatoren. Dieser Gesprächsprozess dauerte über ein Jahr, aber für beide Ehepartner kam eine Lösung heraus, von der sie nie zu träumen gewagt hätten. Es ist also möglich.

Konsens ist die Meisterform der Konfliktlösung. Er resultiert in einer wahren Win-win-Situation. Allerdings benötigt man viel Zeit und die Bereitschaft von beiden Seiten.

Die Rolle des Moderators und des Mediators

Als Führungskraft werden Sie öfter gewollt oder ungewollt in die Rolle des Moderators bei Konflikten schlüpfen müssen. Bei festgefahrenen Auseinandersetzungen empfiehlt sich allerdings die Verpflichtung eines externen Moderators.

Der Moderator ist eine in dem Konflikt unbeteiligte und für beide Parteien neutrale Person, welche die Kommunikationsabläufe strukturieren soll. Sein Part besteht darin, wie ein Katalysator im Konfliktlösungsprozess zu wirken. Die Aufgabe des Moderators ist hauptsächlich, beide Parteien dazuzubringen, einander zuzuhören, ihre Bedürfnisse zu erläutern, sich in die Lage des anderen zu versetzen und gemeinsam zu einer Win-Win-Lösung zu kommen. Der Mediator geht noch ein Stück weiter und beeinflusst aktiv den Prozess, wodurch er maßgeblich an der Lösungsfindung beteiligt sein kann.

Diese Rollen unterscheiden sich von der eines Richters: Dem Moderator oder Mediator wird die Entscheidung nicht delegiert, sondern die Beteiligten treffen sie selbst, nachdem die Konfliktsituation bearbeitet worden ist. Die Wünsche, Gefühle, Eindrücke der Beteiligten werden ans Licht gebracht, um die Konfliktthemen überhaupt klar erkennbar zu machen, bevor sie bearbeitet werden.

Selbstverständlich müssen beide Parteien offen sein – ohne „verdeckte Anliegen" oder geheime Wunsche und Absichten. Denn wenn sie ihre wahren Ziele verheimlichen und nicht bereit sind, ihren Beitrag im Konfliktlösungsprozess zu leisten, kann kein noch so bemühter Moderator einen Erfolg verbuchen.

Tipps zur erfolgreichen Moderation eines Konflikts

1. Wer sind die am Konflikt beteiligten Parteien?
2. Welches sind die Konfliktthemen?
3. Jede Partei schildert ihre *Sichtweise* der Lage. Die andere soll zuhören und warten, bis sie an der Reihe ist. In dieser Situation ist es hilfreich, wenn der Moderator Notizen auf einem Flipchart macht, das von allen gesehen werden kann. Es ist oft nicht leicht, eine Partei dazu zu bringen, der anderen Seite wirklich zuzuhören, ohne zu unterbrechen. Die im Kommunikationskapitel erwähnten Feedback-Regeln sind hier hilfreich. Durch die Schilderung werden die Positionen klar. Es ist nicht selten der Fall, dass sich schon in dieser Phase der Konflikt löst, weil durch die Schilderung der eigenen Sichtweisen Missverständnisse beseitigt werden. Ebenso kann sich auf der Beziehungsebene einiges klären und die Beteiligten können diese Klärung als Lösung empfinden.
4. *Lösungsansätze* finden: Wenn bis dahin der Konflikt nicht gelöst ist, kann jede Partei ihre Vorstellung der Lösungen präsentieren. Das ist ein kreativer Prozess für alle involvierten Personen. Hier ist es sehr wichtig, dass tatsächlich jeder zur Wort kommt. Man definiert Spielregeln für das weitere Verhandeln, zum Beispiel die Feedback- und weiteren Kommunikationsregeln. Die Vor- und Nachteile jedes Punktes werden herausgearbeitet. Jede Partei soll versuchen, sich in die Lage der anderen zu versetzen.

Instrumente

Bei festgefahrenen Konflikten hat sich untenstehendes Formular bewährt. Es wird vom Moderator vor der Sitzung an die beiden Parteien verteilt und von diesen ausgefüllt. Schon der Reflexionsprozess bewirkt einiges, oft sind wir uns nicht einmal über unsere Idealvorstellung im Klaren.

Formular: Annäherung an die Lösung

1. Wie viel Zeit steht zur Konfliktlösung zur Verfügung?

_____

_____

2. Haben Sie ähnliche Konflikte schon öfter gehabt?

_____

_____

3. Wie wurde der Konflikt bisher ausgetragen?

_____

_____

4. Welche Verhaltensrituale haben sich bisher eingespielt?

_____

_____

5. Was müsste ich bei einem Rollentausch alles bedenken?

_____

_____

6. Was müsste sich mein Konfliktpartner bei einem Rollentausch alles überlegen?

_____

_____

7. Wie stellt sich jeder für sich die ideale Lösung vor?

_____

_____

8. Wie könnte eine für beide befriedigende Lösung aussehen? (Und was darf auf keinen Fall passieren?

_____

_____

Zusammenfassung des Kapitels „Konflikt"

Kooperation statt Wettbewerb

Kooperation ist in der Natur viel häufiger als Wettbewerb und Vernichtung. Weil Darwins „Survival of he Fittest" aus dem Zusammenhang gerissen wurde und den Ausbeutern des 19. Jahrhunderts sehr gelegen kam, wurde ein ganzes Wirtschaftssystem darauf aufgebaut. In heutigen Unternehmen stoßen wir jedoch täglich an die Grenzen des Wettbewerbsdenkens. Komplexe Aufgaben können nur durch Kooperation gelöst werden.

Konflikte müssen bearbeitet werden

Konflikte sind natürlich und an sich noch nicht schlecht. Allerdings müssen sie bearbeitet werden, wenn man eine positive Lösung erhalten will. Lässt man Konflikte zu lange schwelen, explodieren sie zumeist zum ungünstigsten Zeitpunkt.

Ein Konsens ist die beste Lösung

Die Krönung der Konfliktlösung ist der Konsens. Die Lösung ist wesentlich mehr als ein Kompromiss, bei dem beide Teile sich in der Mitte treffen und so von ihrer Ideallösung erheblich abweichen müssen. Die Konsenslösung benötigt Zeit und zumeist externe Unterstützung. Die nächstbeste Lösung ist der Kompromiss. Kampf, Flucht, Unterordnung oder Delegation sind keine sehr tragfähigen Lösungen von Konflikten. Sie werden immer wieder aufbrechen.

Der Zeitpunkt ist wichtig

Der richtige Zeitpunkt für die Lösung ist von großer Bedeutung. In der Hitze des Gefechtes wird man zu keiner vernünftigen Diskussion kommen. Auch sollte man sich für jede Verhandlung ein kleines Ziel stecken und lieber öfter und dafür kürzer verhandeln. Zuhören der Konfliktparteien ist Imperativ. Dies zu gewährleisten ist Aufgabe des Moderators.

6. Stress

Wir sind wie ein großer aus dem Wasser gezogener Fisch, der wild hin- und herzappelt, um seinen Weg zurückzufinden. In so einer Lage fragt sich der Fisch nie, wohin ihn die nächste Zappelbewegung führen wird. Er spürt nur, dass seine gegenwärtige Lage unerträglich ist und er etwas anderes versuchen muss.

Chinesische Erkenntnis

Was hat Stress mit Führung zu tun?

Das Phänomen Stress hat für Führungskräfte in zweierlei Hinsicht Bedeutung. Einerseits betrifft es sie selbst, denn alle uns bekannten Führungskräfte sind potenziell großem Stress ausgesetzt. Andererseits betrifft dieses Phänomen aber auch die Mitarbeiter. Abgesehen von menschlichen Gründen gibt es auch wirtschaftliche, zu viel Stress von ihnen fernzuhalten. Von chronisch schwer gestresstem Personal wird man auf Dauer keine gute Leistung erwarten können, stattdessen sind Krankheit und Totalausfall die Folge.

Wie viel Stress ist aber zu viel? Es gibt natürlich keine allgemeingültige Antwort auf diese Frage. Welchem Stressausmaß ein Mensch über längere Zeit gewachsen ist, hängt von der Persönlichkeit, der körperlichen Verfassung, der Aufgabe und anderen Faktoren ab. Hier bestehen große individuelle Unterschiede, aber auch die Tagesverfassung und der Gesundheitsstatus spielen eine große Rolle. Wie Sie sich und Ihre Mitarbeiter fordern können, ohne krankmachend zu überfordern, davon handelt dieses Kapitel. Die negativen Wirkungen von Stress können durch eine Reihe von kompensatorischen Maßnahmen vermindert oder gar verhindert werden. Auch diese Maßnahmen werden hier diskutiert. Schlechtes Zeitmanagement ist oft Ursache von zu viel Stress, gutes Zeitmanagement hingegen kann helfen, objektiv große Arbeitsbelastung zu bewältigen. Aus diesem Grunde befasst sich der letzte Teil dieses Kapitel mit diesem Aspekt.

Stress – Salz des Lebens oder zu vermeidendes Übel?

Trotz der häufig negativen Konnotation von Stress behaupten einige, dass er für sie das Salz des Lebens sei. Was hat es damit auf sich? Man könnte die Stresseffizienz, also den subjektiv empfunden Stress, mit folgender Formel beschreiben:

$$\text{Stresseffizienz} = \frac{\text{„Return on Investment"}}{\text{Stressinvestition}}$$

Der „Return on Investment" beschreibt gewissermaßen die Belohnung für den objektiv erlebten Stress, die Stressinvestition. Diese Belohnung kann vielfältige Gestalt annehmen. Sie kann rein monetärer Natur sein, in positiven zwischenmenschlichen Beziehungen bestehen, Ehre und Ruhm beinhalten etc. So bedeutet eine Geburt für die Mutter eine enorme Stressinvestition – das wird aber nicht so erlebt, da das, was sie dafür erhält, alle Mühen aufwiegt. Ähnlich geht es Bergsteigern bei der Bezwingung eines schwierigen Berges oder Wissenschaftlern bei einer bahnbrechenden Entdeckung.
Wenn hingegen nichts zurückkommt, werden geringe Belastungen schon als sehr negativ empfunden. Stress ist also ein zu vermeidendes Übel, wenn die Belastung tatsächlich die Belastungsgrenze entweder in Höhe oder Dauer überschreitet oder wenn der „Return on Investment" sehr gering ist. Ist die Belohnung jedoch erstrebenswert und die Belastungsgrenze noch in einiger Entfernung, so lässt sich Stress durchaus als das „Salz des Lebens" ansehen.

Guter Stress und böser Stress

Im Volksmund wird gelegentlich von gutem und von bösem Stress gesprochen. Was hat es damit auf sich? Guter Stress wird von Hans Selye, dem Urvater aller Stresstheorien, als Eustress bezeichnet, böser Stress als Disstress.
Der Eustress wird dann empfunden, wenn wir uns der Situation noch gewachsen sehen und aufgrund der herausfordernden Aufgabe große Energien mobilisieren können. Es ist Ihnen sicherlich auch schon so ergangen, dass Sie bei einer Prüfung unheimliche Leistungsfähigkeit verspürt haben, von der Sie selbst überrascht waren. Das Ergebnis fiel dann wahrscheinlich auch

dementsprechend gut aus. Vorteilhaft ist in einem solchen Fall sicher auch eine gute Vorbereitung und das Gefühl, der Prüfung gewachsen zu sein. Sind wir hingegen schlecht vorbereitet oder ist die Prüfung entsprechend schwierig aufgebaut, so geht der Eustress sehr rasch in Disstress über.

Der Übergang vom Eu- zum Disstress ist leider nicht so leicht erkennbar und geschieht oft schleichend. Solange wir uns im Eustress-Bereich befinden, nimmt unsere Arbeitseffizienz mit steigendem Stressniveau zu. Im Disstress sinkt unsere Effizienz, Aufgaben zu erledigen, jedoch. Da die Arbeit aber nun langsamer oder schlechter erledigt wird, nimmt der Disstress weiter zu, wodurch die Effizienz nochmals sinkt. Es kommt zu einem Teufelskreis, aus dem es kein Entrinnen zu geben scheint. Diese Zusammenhänge sind in einer Grafik veranschaulicht.

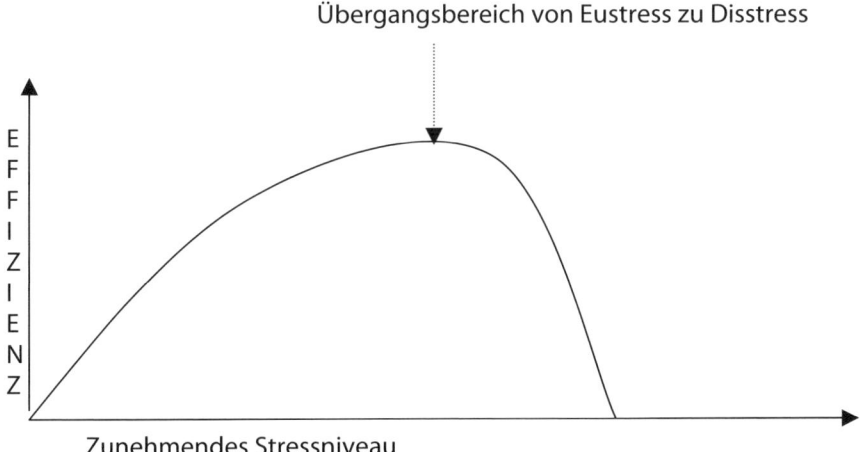

Übergangsbereich von Eustress zu Disstress

Im Eustress-Bereich nimmt die Effizienz mit dem Stressniveau zu, im Disstress-Bereich hingegen drastisch ab.

In unseren Seminaren hat bis jetzt noch keine neu ernannte Führungskraft behauptet, sie hätte nach der Ernennung weniger oder auch nur gleich viele Aufgaben zu erfüllen gehabt wie vorher – und zwar sowohl in qualitativer als auch in quantitativer Hinsicht. In den meisten Fällen musste ein Großteil der früheren Aufgaben zusätzlich zur Führungsaufgabe weiterhin erledigt werden. Dieser Umstand führt dazu, dass gerade neu ernannte Führungskräfte einer sehr großen Stressgefahr ausgesetzt sind. Da, wie oben erwähnt, der Übergang vom Eustress zum Disstress nicht durch Warnlampen angezeigt wird, empfinden viele Menschen den Disstress erst dann als sehr störend, wenn schon erste gesundheitliche Beschwerden auftreten.

Der biologische Ursprung

Um den Wirkungsmechanismus von Stress zu veranschaulichen, möchten wir gern zu einer Zeitreise in die Steinzeit einladen. Betrachten wir also einen unserer Vorfahren, der gerade im Begriff ist, seine Höhle zu verlassen, um Freunde in der Nachbarhöhle zu besuchen. Aus Sicherheitsgründen greift er zum Speer und verlässt die gewohnte Umgebung. Nach einiger Zeit gemütlichen Wanderns wird er plötzlich vom Grollen eines sich in der Nähe befindlichen Säbelzahntigers aus seinen Gedanken gerissen, der auch schon bald mit drohender Gebärde vor ihm steht. Dem Tiger ist offensichtlich nicht nach Spielen zumute, das ist aus seiner Mimik klar erkenntlich.

Im Gehirn unseres armen Steinzeitmenschen spielt sich ungefähr Folgendes ab: Durch den akustischen und den darauf folgenden optischen Reiz erkennt das Gehirn große Gefahr. Aus Erfahrung ist ihm bekannt, dass grollende Säbelzahntiger kein gutes Vorzeichen sind. Das Gehirn schaltet auf den Kampf-Flucht-Modus, denn nur diese beiden Optionen scheinen erfolgversprechend. Sofort gilt Alarmstufe Rot. Die Hirnanhangdrüse schüttet adrenocorticotropes Hormon (ACTH) aus, wodurch die Nebenniere angeregt wird, Adrenalin und Cortison in die Blutbahn abzugeben. Diese Stoffe führen zu folgender Kaskade von Reaktionen:

- Die Pulsfrequenz wird auf ein Maximum angehoben, der Blutdruck ebenso, das Blut wird aus dem für Kampf oder Flucht unwichtigen Verdauungsapparat und Genitalbereich in die Muskulatur umgeleitet. Die Versorgung des Großhirnes, welches im Normalfall viel Sauerstoff und Energie verbraucht, wird auf ein Minimum heruntergefahren.
- Nur die entwicklungsgeschichtlich älteren Areale, wie das limbische System und das Kleinhirn, werden ausreichend versorgt. Diese Regionen haben alle notwendigen Reaktionsmuster gespeichert, wodurch sie für Kampf oder Flucht völlig ausreichen.

- Die Schweißproduktion wird angeregt und die Blutgerinnung stark aktiviert, da Verletzungen in der geschilderten Situation sehr wahrscheinlich sind und diese sich zumindest schnell verschließen müssen, wenn der Organismus nicht verbluten soll.

- Die Funktionstüchtigkeit des Immunsystems wird interessanterweise in der Akutphase vermindert, da die Energie anderswo wichtiger ist. Sollte diese prekäre Situation überlebt werden, so können Infektionen immer noch in der nachfolgenden Erholungsphase von den Immunzellen eliminiert werden.

- Nicht zuletzt werden natürlich alle Energiereserven des Körpers mobilisiert; für die ersten Sekunden das in den Muskeln gespeicherte Phosophokreatinin, dann der im Blut zirkulierende Traubenzucker (Glucose), schließlich die Glykogenreserven der Leber.

Nun ist der Organismus unseres bedauernswerten Vorfahren optimal auf Kampf oder Flucht vorbereitet. In beiden Fällen muss die Muskulatur Maximales leisten, muss die Aufmerksamkeit extrem fokussiert sein und dürfen Wunden nicht lange bluten. Sollte unser Mann es aber geschafft haben, dem Säbelzahntiger den Garaus zu machen oder sich durch rasches Entfernen in Sicherheit zu bringen, so wird er zweifelsohne eine lange Ruhepause brauchen, um von den eben beschriebenen Reaktionen des Körpers wieder auf ein Normalniveau zu kommen.

Was ist nun der Zusammenhang zwischen dem Kampf mit einem Säbelzahntiger, die zugegebenermaßen in der heutigen Zeit sehr selten geworden sind, und der Arbeitsbelastung im Job? Die Antwort, die Sie wahrscheinlich schon erraten haben, lautet, dass der Stressmechanismus heute wie damals genau gleich abläuft. Nur die Stressoren haben sich geändert.

Chronischer Stress

Unser gestresster Vorfahre konnte sich nach diesem extremen Disstress-Erlebnis sicherlich lange Zeit ausruhen – vorausgesetzt, er hat die Begegnung mit dem Säbelzahntiger überlebt. Er konnte also langsam wieder auf ein Nullniveau der Erregung kommen. Dies gilt für die heutige Situation leider oft nicht mehr. Die Stressoren an sich sind zwar in ihrer Intensität zumeist geringer als in obigem Beispiel, allerdings treten dafür viele hintereinander ein. Selye nannte die Reaktion auf einen Stressor Generelles Anpassungssyndrom, kurz GAS. Er stellte es folgendermaßen dar:

Der Blitz symbolisiert das stressverursachende Ereignis. I. Vorphase, II. Reaktions-bzw. Adaptationsphase, III. Erholungsphase; X-Achse = Zeit, Y-Achse = Erregungs-und Stressniveau

In der Vorphase tritt kurzfristig eine Verminderung der Energiebereitstellung und Mobilisierung ein. Sie wird oft auch als Schrecksekunde bezeichnet. Die Reaktionsphase bereitet den Körper auf maximale Leistung vor. Nach erbrachter Leistung bedarf es einer Erholungsphase, um wieder auf das Nullniveau zu kommen. Genau hier liegt aber bezogen auf den Berufsstress das Problem. Zumeist bleibt nicht genug Zeit für die Erholung und so beginnt der nächste Stressor schon zu wirken, bevor wir überhaupt in die Erholungsphase eingetreten sind. Somit wird das Nullniveau gar nicht erreicht und wir stehen ständig unter „Strom". Oft kommt dann noch Freizeitstress dazu, weil wir uns in der freien Zeit nicht ausruhen. Die Situation stellt sich dann so dar:

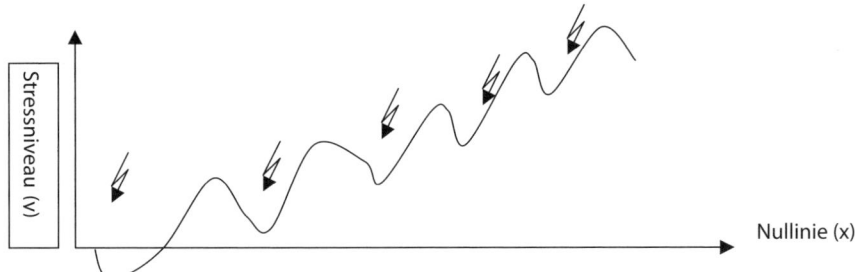

GAS-Kurve bei hoher Frequenz an Stressoren ohne Zeit für die Erholung. X-Achse = Zeit; Y-Achse = Erregungs- und Stressniveau

Das ständig erhöhte Bereitschaftsniveau führt zu Schlafschwierigkeiten, das Gehirn und der Körper können nicht einfach abschalten. Gerade dieser Schlaf wäre aber wichtig, um dem Organismus die Erholung zu gönnen, die er unbedingt benötigt. Nervosität und chronische Müdigkeit sind die ersten Folgen. Bei diesen bleibt es aber im Allgemeinen nicht.

Die Folgen für die Gesundheit

Was für unseren bedauernswerten Vorfahren gut, ja überlebensnotwendig war, ist für die Stresssituation des Alltags schlecht. Im Gegensatz zum Büromenschen konnte bzw. musste er die gesamte mobilisierte Energie tatsächlich verbrauchen, indem er kämpfte. Durch die extreme körperliche Anstrengung konnte er auch rascher wieder auf ein Nullniveau kommen. Im Büro ist dies aber keineswegs so. Oder können Sie sich auf einen Boxkampf mit dem nächstbesten Kollegen einlassen, wenn die Situation wieder einmal sehr stressig wird? Obwohl dies aus medizinischer Sicht wahrscheinlich das Beste wäre, möchten wir trotzdem von einer Empfehlung Abstand nehmen. Die Konsequenzen könnten gravierend sein. Eine Alternative wäre es, in einem freien Raum einen Sandsack aufzuhängen, wie es in einigen Broker-häusern in New York gemacht wurde. Diese Methode schont Ihre Kollegen, die Sie ja noch brauchen.

Genau die für unsere Vorfahren so wichtigen physiologischen Reaktionen sind also in der heutigen Zeit die Ursache für die stressverursachten Krankheiten. Die erhöhte Pulsfrequenz führt zu einer chronischen Belastung des Herzens. Eine biologische Faustregel besagt, dass ein Säugerherz ca. eine Million Mal schlägt. Das menschliche Herz bildet die einzige Ausnahme mit ungefähr 2,5 Millionen Schlägen. Wenn unser Herz also doppelt so schnell schlägt, leben wir nur halb so lange. So einfach ist das.

Der erhöhte Blutdruck führt dazu, dass die Adern platzen. Findet dies im Gehirn statt, folgt ein Schlaganfall. Ganze Hirnareale sterben ab; und je nachdem, im welcher Hirnregion sich das abgespielt hat, fallen unterschiedliche Funktionen aus. Das Herz muss viel angestrengter pumpen – und jeder Techniker weiß, dass eine Pumpe auf Volllast nicht sehr lange hält.

Im Zusammenhang mit der gesteigerten Blutgerinnungsneigung kommt es zu Thrombosen, die im betroffenen Bereich zu einer Sauerstoffunterversorgung führen. Trifft es die Herzkranzgefäße, die das Herz selbst mit Sauerstoff versorgen, bewirkt dies einen Herzinfarkt. In anderen Körperregionen führen Blutgerinnsel zu Durchblutungsstörungen und daraus resultierender eingeschränkter Bewegungsfähigkeit. Da in der Stresssituation der Magen und der Darm schlecht durchblutet sind, treten bei chronischer Belastung Verdauungsbeschwerden, Magen- und Zwölffingerdarmgeschwüre auf.

Die Mobilisierung aller Energiereserven schlägt sich auf Dauer in Übergewicht und Stoffwechselerkrankungen nieder. Die herabgesetzte Sexualfunktion kann zu Impotenz und Frigidität führen, wodurch Beziehungen oft sehr stark in Mitleidenschaft gezogen werden.

Die herabgesetzte intellektuelle Leistungsfähigkeit ist dort, wo wir mit dem Kopf arbeiten müssen, sehr hinderlich und führt zu weiterem Stress, da wir bei der Lösung von Problemen nicht weiterkommen. Für unseren Kämpfer hingegen war wichtig, dass er sehr schnell die richtige Reaktion zeigte, um zu überleben; philosophische Selbstgespräche über Sinn und Unsinn der Existenz eines Säbelzahntigers hätten seine Lebenserwartung drastisch gesenkt.

Nicht zuletzt sei das geschwächte Immunsystem erwähnt. Tagtäglich entstehen im Körper Millionen potenzieller Krebszellen und nur den „Killerzellen" (NKC) ist es zu verdanken, dass sie in ihren Anfängen vernichtet werden. Ist nun jedoch die Zahl und Funktionstüchtigkeit dieser Killerzellen eingeschränkt, so erhöht sich die Chance, dass eine Krebszelle nicht früh genug erkannt wird und sich durch Teilung zu einer Geschwulst entwickelt, die zu groß für eine Vernichtung durch die Immunzellen geworden ist. Auch jeder Angriff von Keimen – seien es nun Bakterien, Viren oder Pilze – wird bei herabgesetztem Immunsystem viel eher Aussicht auf Erfolg haben. Die Folge sind alle erdenklichen Infektionen.

Die fünf Phasen des Disstress

Dauert der chronische Stress, und hier ist vor allem Disstress gemeint, über längere Zeiträume an, hat das eine Reihe von Konsequenzen. Das „Canadian Institute of Stress", das von Hans Selye gegründet und nach seinem Tod von anderen weitergeführt wurde, hat fünf Phasen beschrieben, die allerdings nicht immer in der angegebenen Reihenfolge durchlaufen werden müssen:

1. Chronische körperliche und geistige Müdigkeit
2. Zwischenmenschliche Probleme
3. Emotionale Turbulenzen
4. Chronisches körperliches Unwohlbefinden
5. Stressverursachte Krankheiten – Burnout

1. Chronische körperliche und geistige Müdigkeit

Sie haben sicherlich schon Menschen erlebt, die am Morgen fünf Tassen Kaffee benötigen, um auf Touren zu kommen. Sie machen immer ein müdes Gesicht und mit der Konzentration ist es auch nicht weit her. Früher waren sie voller Energie und Leistungsdrang, aber jetzt sind sie ständig müde und abgeschlafft. In der Anfangsphase wollen sie diesen Leistungseinbruch verbergen und schreiben ihn einer Verkühlung oder Ähnlichem zu. Nachdem er aber länger andauert, suchen sie vielleicht einen Arzt auf, der jedoch keine medizinischen Ursachen finden kann. Vielleicht rät er dem Patienten, sich einfach einmal gut auszuschlafen. Wenn er wüsste, dass guter Schlaf schon lange nicht mehr möglich ist. Oft wacht unser Patient in der Nacht auf, kann schlecht einschlafen und fühlt sich auch nach neun Stunden Bettruhe wie gerädert.

Zumeist werden diese Symptome allerdings noch nicht ernst genommen, man glaubt an eine vorübergehende Phase. Sollten Sie die eben beschriebenen Phänomene bei Kollegen oder Mitarbeitern wahrnehmen, ist unbedingt Hilfe angesagt. Oft wollen sie sich jedoch nicht helfen lassen, da es für sie bedeutet, eine Schwäche einzugestehen. Steuert man in dieser Phase mit den geeigneten Maßnahmen gegen, kann noch relativ leicht Schlimmeres vermieden werden. Wird nichts unternommen, so schlittern die Betroffenen nach einiger Zeit, die individuell unterschiedlich lang ausfallen kann, in die zweite Phase.

2. Zwischenmenschliche Probleme – Rückzug

Dr. K. ist Oberarzt in einem großen Krankenhaus. Er hat mit seinen 40 Jahren viel erreicht, musste dafür aber hart arbeiten. Eigentlich sollte er mit seiner beruflichen Entwicklung zufrieden sein – was er bis vor Kurzem auch war, mittlerweile aber nicht mehr ist. Er geht jeden Morgen ungern in das Krankenhaus, da er keine Patienten mehr sehen will. Er will sich die

Beschwerden nicht mehr anhören, wo es zwickt, juckt oder schmerzt. Am liebsten würde er sich in sein Kämmerchen zurückziehen und von dort die Diagnosen stellen. In der Tat war dies die Vorgehensweise der Ärzte im Mittelalter. Sie ließen sich die Beschreibungen der Kranken von den Pflegern geben und versuchten, durch rationale Überlegungen die Ursachen der Krankheiten zu erkennen. Mit sehr geringem Erfolg, wie die medizinische Geschichtsschreibung zu berichten weiß. Aber so würde es Dr. K. am liebsten auch machen.

Wenn er dann, wie heute üblich, den Patienten gegenübersteht, so versteckt er sich hinter dem Schreibtisch oder Geräten und versucht, so wenig wie möglich Augenkontakt mit dem Patienten aufzunehmen. Kommt er am Abend nach Hause, so gehen ihm seine Kinder auf die Nerven, die partnerschaftliche Kommunikation ist auf ein Minimum reduziert und Freunde hat er auch schon lange nicht mehr getroffen.

Diese Form des Rückzugs ist bei Menschen in Sozialberufen besonders häufig. Ärzte, Krankenschwestern, Therapeuten, Sozialarbeiter und Psychologen leiden oft schon in jungen Jahren darunter. Vermutlich hängt das damit zusammen, dass sie ständig mit menschlichem Leid konfrontiert sind. Aber auch in allen anderen Berufsgruppen kommt es vor. Man beginnt, mit Kollegen, Familienmitgliedern, Freunden und sogar Fremden Probleme zu haben. Man vermeidet immer häufiger vormals stabilisierende und positive Kontakte. Man fühlt sich leicht gereizt und ärgert sich über Nichtigkeiten. Oft kommt noch Misstrauen anderen gegenüber dazu. Als Reaktion ziehen sich auch die Menschen des Umfeldes zurück, Einsamkeit ist das Ergebnis.

3. Emotionale Turbulenzen

Hierbei handelt es sich um die Achterbahn der Gefühle. Im einen Moment empfinden wir ein Hochgefühl, das ohne offensichtlichen Grund von einem emotionalen Tief abgelöst wird. Geringste Begebenheiten führen zu depressiven Stimmungen, gelegentlich sogar zu Tränenausbrüchen. Als Anlässe reichen Wetteränderungen, der Verkehr, das Wort eines Vorgesetzten oder wenn etwas nicht sofort funktioniert.

Die leichte Gereiztheit aus Phase zwei ist jetzt noch verstärkt, wir sind von Selbstzweifeln gequält, können Prioritäten nicht mehr richtig setzen und oft auch nicht mehr fokussiert denken. Die Arbeitsleistung nimmt ab, wir versuchen, uns durch den Arbeitstag zu schleppen, um erschöpft an seinem Ende das traute Heim zu erreichen. Depression ist oft die Folge.

4. Chronisches körperliches Unwohlbefinden

Maria ist Personalchefin in einem großen Unternehmen. Sie ist sehr jung für diesen Job und musste sich in ihrer von Männern dominierten Firma oft gegen Widerstände durchsetzten. Der Druck auf sie ist enorm. Wann immer wir die Firma aufsuchten, war sie entweder verschnupft, verkühlt oder hatte Rückenschmerzen – oder sie befand sich überhaupt krankheitshalber zu Hause. Vor Kurzem brach sie sich das Handgelenk, weil sie im Büro umkippte. Sie pilgerte von Arzt zu Arzt, erhielt leichte Schmerzmittel oder andere Pulver. Eine klare Diagnose gab es nie. Es wurde zwar schwache, verhärtete Muskulatur attestiert, Massage und Akupunktur verschrieben. Der Erfolg war allerdings bescheiden.

In dieser Phase warnt der Körper eindringlich, dass wir uns viel zu oft und viel zu lange im zweiten GAS-Stadium befinden, der Reaktionsphase (siehe Seite 178). Das ist ein Zustand ständiger Wachsamkeit, den kein Körper über längere Zeit durchhält.

Von Soldaten im Vietnamkrieg wird berichtet, dass sie nach einigen Wochen im Feld sehr oft völlig zusammenbrachen. Im vietnamesischen Urwald mussten sie rund um die Uhr wachsam sein, Vietkong konnten zu jeder Tages- und Nachtzeit aus dem Nichts auftauchen. Diesen Zustand der ständigen Bereitschaft hält unser Körper nur über einen kurzen Zeitraum durch, danach benötigt er unbedingt eine Ruhepause. Diese Soldaten mussten oft wochenlang im künstlichen Tiefschlaf gehalten werden, da sich die Nervenbahnen sonst nicht mehr beruhigt hätten. Dies ist nämlich eine teuflische Konsequenz aus der ständigen Bereitschaft. Selbst wenn sich unser Körper und mit ihm die Nerven ausruhen könnten, können sie es wegen der zu starken Erregung doch nicht. Das ist auch der Grund für Schlafprobleme in stressreichen Zeiten.

Im Alltag treten Symptome wie Zähneknirschen, Kopfschmerzen bis hin zur Migräne, Muskelverspannungen, Gelenkschmerzen, Nervosität, Konzentrationsschwäche und vieles mehr auf. Der Übergang zur nächsten Phase ist fließend.

5. Stressverursachte Krankheiten

Nach heutigem Stand der Wissenschaft geht man davon aus, dass im Grunde alle Krankheiten auch eine Wurzel im Stress haben können. An erster Stelle sind natürlich die Herz- und Kreislaufkrankheiten zu nennen, des Weiteren Magen- und Darmbeschwerden und Rückenschmerzen, die übrigens den häufigsten Grund für krankheitsbedingte Arbeitsausfälle darstellen.

Allerdings wird durch chronischen Disstress das gesamte Immunsystem auf den Kopf gestellt, wodurch auch jede Art von Infektion, Allergie oder gar Krebs damit in Zusammenhang gebracht werden kann.

Es handelt sich bei diesem Stadium um einen chronischen Erschöpfungszustand. Die über längere Zeit akkumulierten, oft versteckten Schäden am Körper treten jetzt zutage. Durch plötzliche Entspannung, zum Beispiel in einem Urlaub, durchläuft der Körper rasche Hormonänderungen, die gar in einem Herzinfarkt resultieren können. Die Medizin setzt meist nur an den Symptomen an und nicht an der eigentlichen Ursache. Ohne diese aber zu berücksichtigen, werden immer wieder neue Krankheiten auftreten und der Heilungserfolg bleibt aus. Wird nicht rasch etwas gegen den zugrunde liegenden Stress unternommen, dann führt diese Situation zum physischen Verfall des Organismus, er altert stark beschleunigt.

Die sechs Extremtypen

Die Nachfolger Selyes haben sechs verschieden Stresstypen definiert, die mit unterschiedlichen Disstress-Phasen beginnen und oft in einer Phase über längere Zeit stecken bleiben. Es folgt eine Darstellung dieser sechs Typen, mit Charakteristiken, Symptomen, Beispielen und Lösungsansätzen. Niemand wird sich natürlich in allen Punkten wiederfinden; vielmehr sind die beschriebenen Typen die extremste Form mit allen bei dem jeweiligen Typus beobachteten Eigenheiten. Trotzdem werden Sie vielleicht bei dem einen oder anderen Typus verblüffende Parallelen zu Ihrer eigenen Situation feststellen.

Wie die beschriebenen Lösungsansätze im Detail zu verstehen sind, wird im Abschnitt „Stressbewältigung" behandelt. In den Klammern steht die jeweilige Originalbezeichnung der Typen.

Einzelgänger (Loner, Relationship malnutrition)

Mentale und emotionale Charakteristika: Einsam und oft deprimiert, obwohl dieses Gefühl oft von einem Lächeln, einem oberflächlichen „Hallo" für jedermann überdeckt wird. Fühlt sich unangenehm in Gegenwart von anderen, hat Schwierigkeiten mit menschlicher Nähe, hat interpersonelle Probleme. (Bleibt oft in der zweiten Disstress-Phase, dem Rückzug vor anderen, stecken.)

Physische Symptome: Wenige spezielle und offensichtliche physische Symptome, hat aber eine sehr aufrechte Körperhaltung und einen starren, seriösen bis sehr ernsten Gesichtsausdruck; seltene, aber schwere Infektionen, von denen die Erholung sehr lange dauert.

Verhaltenssymptome: Verbringt wenig Zeit mit Freunden und Familie; vermeidet gesellschaftliche Ereignisse bzw. bleibt im Hintergrund; eher Beobachter als Mitmacher; zum Lockerwerden wird gelegentlich Alkohol verwendet; einzige Unterbrechung der Lebensroutine sind geplanter Urlaub und Reisen.

Typische Beispiele: Der kompetente Mitarbeiter, der nach dem Motto „Arbeit und Freundschaft vertragen sich nicht" agiert und im Büro sozial isoliert ist; oft als „sehr private bzw. zurückgezogene Person" beschrieben (und verwechselt mit dem „starken, ruhigen Typ").

Frühe Warnsignale: Abnehmende Qualität des Kontaktes mit anderen; zunehmende soziale Isolation; Beziehungsprobleme; Alkohol- und Drogenmissbrauch.

Langzeitkonsequenzen: Vollkommene soziale Isolation.

➜ *Lösung:* Erlernen und Üben von Beziehungsfähigkeiten; lernen, emotional offener und ausdrucksstärker zu sein.

Der „Loner" lebt nicht notwendigerweise allein oder vermeidet Sozialkontakte, obwohl das oft der Fall ist, wenn das Ende des „Loner"-Stadiums erreicht ist. Sie/er ist aber jemand, der sich zumeist einsam fühlt, sogar in einer Menschenmenge und besonders bei gesellschaftlichen Ereignissen mit „Freunden", und wenig bis nichts aus Beziehungen mitnimmt. „Loner" sind häufig Einzelarbeiter und erfolgreich im Beruf, aber sie ziehen daraus immer weniger Befriedigung. Sehr oft zerfallen die Beziehungen aus der Vergangenheit, zum Beispiel zu Schulkollegen, Studienfreunden etc., und keine neuen Beziehungen treten an ihren Platz. Mit der Zeit verlieren sie die Fähigkeit, Gespräche mit emotional-persönlichem Charakter zu führen. Oft werden sie zu Einzeltrinkern, suchen den Trost bei sich selbst. Sie fühlen sich zunehmend von ihrem Leben gefangen, obwohl sie nach außen hin unter Kontrolle und kompetent wirken.

Der „Loner" fühlt sich sehr unwohl, wenn er sein wahres Selbst oder seine wahren Emotionen preisgibt. Ihr/ihm ist unbehaglich in der Nähe anderer Menschen, besonders wenn irgendeine Art von intimer Interaktion wahrscheinlich ist. Sie/er hat Schwierigkeiten, Gefühle zu zeigen und Gefühlsäußerungen anderer anzunehmen. Dieser Typus ist sich seines sozialen Verhaltens bewusst und fühlt sich entweder nicht gut dabei, wie er andere Menschen behandelt oder rechtfertigt seine Einsamkeit mit der Tatsache, dass mit den anderen etwas nicht stimmt. Obwohl er es nicht zugibt, fühlt sich der „Loner" fast immer oder immer allein.

Es ist durchaus möglich, ein „Loner" zu sein, obwohl man verheiratet ist oder in einer fixen Beziehung lebt. Die Beziehung tendiert jedoch zu minimaler Kommunikation und selten wird diese Kommunikation von Gefühlen handeln. Es braucht sehr viel Energie, Emotionen zu verbergen. Kein Feedback von anderen zu bekommen, wie man wirkt und wer man ist, wirkt sich in Form von stressiger Unsicherheit aus. Das ist der hauptsächliche Energieverlust des „Loners". Der Schlüssel für diesen Typus ist, zu lernen, besser mit den eigenen Emotionen und denen anderer umzugehen und diese auch auszusprechen. Dazu gehört auch die Entwicklung der Fähigkeit, emotional offener zu sein – eine harte Herausforderung für jemanden, der so verschlossen ist.

Der Ängstliche (Worry wart, Chronic worrier)

Mentale und emotionale Charakteristika: Hat Schwierigkeiten, seine Gedanken abzuschalten; pessimistisches Gehabe (erwartet immer das Schlimmste); Selbstbeschuldigungen aufgrund geringen Selbstvertrauens; häufige Angstzustände; glaubt, dass sich eine Lösung auftun wird, wenn sie/er nur lange genug über etwas nachdenkt.

Physische Symptome: Langsame Erholung nach stark stressigen Ereignissen; Spannungskopfschmerz, Rückenschmerzen (eher unterer Bereich), Einschlafschwierigkeiten; rasche Gewichtszu- oder -abnahme.

Verhaltenssymptome: Hat den Ruf eines sich sorgenden Menschen; es gelingt ihr/ihm nicht, Karriere- und Beziehungsangelegenheiten wahrzunehmen.

Typische Beispiele: Der langweilige Freund, der nur über seine Probleme spricht; der chronische „Jobhopper"; die Person, die von der Angst, etwas falsch zu machen, gelähmt ist.

Frühe Warnsignale: Wird leicht irritiert, wenn nicht genug Zeit zum Nachdenken (bzw. sich sorgen) vorhanden ist; empfindet andere oft als kalt und herzlos, weil sie sich nicht um sie/ihn sorgen.

Langzeitkonsequenzen: Erreicht wenig im Berufsleben; hat gelegentlich psychische Probleme wie klinische Depressionen, die von „manischen Phasen" durchbrochen werden, in welchen selbstzerstörerischer Enthusiasmus (besonders Änderungen den Job und Beziehungen betreffend) ein Versuch ist, die Depressionen zu bekämpfen.

➜ *Lösung:* Mehr Selbstschätzung erlernen; lernen, den Geist zu beruhigen (zum Beispiel mittels „mind-focusing relaxation techniques").

Ein gewisses Ausmaß an Sorge dient sicherlich einem guten Zweck: Es hilft uns, Probleme vorherzusehen und uns darauf vorzubereiten. Aber eine ständig ängstliche Sicht der Zukunft und ein qualvoller Rückblick auf die Vergangenheit zeichnen den „Worry wart" aus. Er/sie sorgt sich um Probleme, die gar nicht da sind, und macht kleine Probleme zu Fragen auf Leben und Tod. Er verwendet so viel Energie in die Sorge um sich selbst, seine Gesundheit, seine Beziehungen und seinen Job, dass er wenig Energie für Leben und Arbeit übrig hat. Es scheint, als ob er in seinem Wagen säße und den Motor aufheulen lässt, aber keinen Gang einlegt. Er verbraucht sehr viel Energie und kommt nirgends hin.

Der „Worry wart" glaubt, dass sich zu sorgen der Preis für Erfolg ist oder dass es eine Barriere für die Zielerreichung darstellt. Er kann seine Gedanken nicht abschalten, und dieselben Sorgen kommen immer wieder in sein Bewusstsein. Er ist ein zwanghafter Denker, der sich selbst die Schuld an seinen Problemen gibt, aber er kann seinen eigenen Rat zur Lösung nicht umsetzen. Er ist pessimistisch und erholt sich sehr langsam von stressigen Ereignissen.

Der „Worry wart" ist die Sorte von Mensch, von der Freunde sagen: „Wenn er sich einmal nicht sorgt, dann stimmt mit ihm etwas nicht."

Oft beschäftigt er sich sehr mit seiner Gesundheit. Er sucht Rat in Selbsthilfe-büchern, befolgt deren Konzepte aber nicht oder überlegt lange, ob er es ausprobieren soll oder nicht. Weiter besucht er Kurse und Seminare zur besseren Lebensgestaltung oder beginnt eine Psychotherapie, nur um bald wieder aufzuhören. Seine Beziehungen leiden; sie enden, bevor sie wirklich begonnen haben, weil er sich zu viele Sorgen macht. Seine Karriere ist gekennzeichnet von vielversprechenden Starts, die sich wie Luftblasen auf-lösen. Für ihn ist sich sorgen zu einer Lebenseinstellung geworden.

Der „Worry wart" ist durch das ständige Sorgen gestresst, weil er für die inneren Diskussionen, die zu nichts führen, viel Kraft braucht. Die beste Möglichkeit für diesen Typ besteht darin, diese inneren Diskussionen in ruhiges Fahrwasser zu lenken. Des Weiteren sollte er sich selbst mehr schätzen lernen, sich selbst weniger die Schuld für alles Mögliche geben und neue Möglichkeiten suchen, sich als erfolgreiche Person zu erleben.

Der Hyperaktive (Speed freak, Stress hyper-responder)

Mentale und emotionale Charakteristika: Ungeduldig, leicht irritiert; unter-drückt Gefühle; Zustand emotionaler Turbulenzen (bleibt längere Zeit in der Phase der emotionalen Turbulenzen).

Physische Symptome: Schwitzt leicht, hat gestörten und/oder kurzen Schlaf (wacht früh auf); empfindet gelegentlich chronisches körperliches Unwohl-sein.

Verhaltenssymptome: Unterbricht in Gesprächen, ist kritisch; streitet leicht, versucht, mehrere Dinge gleichzeitig zu tun.

Typische Beispiele: Workaholic, Super(wo)man.

Frühe Warnsignale: Vermindertes Stehvermögen; Müdigkeitsanfälle.

Langzeitkonsequenzen: Totale Erschöpfung; Magengeschwüre, Herzinfarkt, Darmentzündungen.

➔ *Lösung:* Erlernen und Praktizieren von Entspannungstechniken.

Wir alle kennen „Speed freaks" – ob sie nun dauerhaft hyperaktiv sind oder ob sie durch manische und hyperaktive Phasen gehen. Es scheint ihnen unmöglich abzuschalten und sie denken immer zwei Schritte weiter, auch was ihr Leben betrifft. Oft sind sie extrovertierte, erfolgreiche Menschen, die an der Spitze ihrer Welt stehen (zum Beispiel im Job). Obwohl „Speed freaks" immer in Bewegung sind, wissen sie meist nicht genau, wohin es geht oder warum sie sich so schnell dorthin bewegen. Sie sind meist „Workaholics". Aber ob nun Spiel oder Arbeit – sie tun es mit großer Intensität und scheinen unfähig, zu entscheiden, was wichtig ist und was nicht. Sie sind oft unruhig oder „zappelig", nicht in der Lage stillzusitzen. Sie fallen anderen bei Gesprächen oft ins Wort und nehmen deren Aussagen vorweg; oft wechseln sie das Thema. Sie sind leicht verärgert und irritiert, äußern sich kritisch über andere (obwohl sie ihre wahren Gefühle für sich behalten); auch geraten sie leicht in Streit. Sie sind sehr ungeduldig, wenn sie warten müssen, sei es in einer Schlange, im Straßenverkehr oder auf einen Freund, der zu spät dran ist. Sie machen immer mehrere Dinge gleichzeitig.

„Speed freaks" schlafen rastlos, wachen mehrmals in der Nacht auf oder erwachen früh am Morgen voll Adrenalin, ohne wirklich erholsam geschlafen zu haben. Sie laufen Gefahr, plötzlich zusammenzubrechen, versuchen diesen Umstand dann aber vor den Freunden zu verbergen. Abgesehen von diesen gelegentlichen Zusammenbrüchen können sie sich nicht entspannen. Ihr Konzept von Entspannung ist physische Aktivität oder Urlaubstage, die so vollgestopft sind mit Terminen wie ein harter Arbeitstag. Sie brauchen Projekte, um ihre Freizeit zu füllen.

Da „Speed freaks" so häufig sind, sind viele wissenschaftliche Arbeiten allein über diesen Typ geschrieben worden. Menschen mit großem Herzinfarktrisiko oder Risiko von kardiovaskulären Krankheiten sind unweigerlich „Speed freaks", oft auch A-Stress-Typen genannt. Mehr als jeder andere Stresstyp vergeudet der „Speed freak" seine Stressenergie unnötig damit, seinen Körper ständig im „Rot-Alarm-Zustand" zu belassen. Eine Aufzeichnung des Stressenergie-Levels über den Tag würde eine erhöhte Basislinie zeigen, mit mehreren täglichen Spitzen, die weit über das gesunde Ausmaß des Überstress hinausgehen. Entspannungstechniken sind eine effektive Hilfe für den „Speed freak".

Mauerblümchen (Basket case)

Mentale und emotionale Charakteristika: Depression; Mangel an Energie und Standfestigkeit.

Physische Symptome: Chronische Müdigkeit; Schmerzen im unteren Rückenbereich, schlechte Durchblutung, Spannungskopfschmerz und Migräne; chronische Muskelverspannungen; sehr anfällig für leichte Infektionen, einschließlich grippaler Infekte und Verkühlungen; leidet oft an Allergien. Bleibt meist in Disstress-Phase 1 oder 5 stecken.

Verhaltenssymptome: Beschwert sich ständig („Mein Rücken bringt mich noch um" etc.); zunehmender Gebrauch von Stimulanzien, um durch den Tag zu kommen.

Typische Beispiele: Mitarbeiter, der ständig im Krankenstand ist (sehr viele Fehltage und geringe Job-Produktivität); pilgert von Arzt zu Arzt.

Frühe Warnsignale: Zunehmende Müdigkeit und Mangel an Energie.

Langzeitkonsequenzen: Schlechte „Performance" auf allen Gebieten.

➜ *Lösung:* Bessere Ernährung, mehr Bewegung.

„Basket cases" sind Menschen, die sich am Ende jeden Tages ausgepumpt fühlen und oft schon müde sind, bevor der Tag beginnt. Bei der Arbeit kämpft sie/er gegen niedrige Energie und ermüdet leicht. Für sie/ihn ist es ein großer Willensakt, in einer normalen Arbeitstagwelt zu existieren. Oft „saugt" er auch an der Energie von Arbeitskollegen und Freunden. Sie/er klagt oft über Verspannungen, Migräne, Rückenschmerzen im Lendenbereich, kalte Hände oder Füße und Muskelschmerzen – und dies ohne ersichtlichen medizinischen Grund. Wenn ein Arzt mehr Bewegung empfiehlt, winkt er ab und fühlt sich zu müde dazu. Sie/er ist besonders anfällig für leichte Infektionen, Verkühlungen und Allergien. Freunden gegenüber beklagt er sich oft, wie müde er ist und wie schlecht er sich fühlt. Leicht begibt sich der „Basket case" in eine Abwärtsspirale, die im Verlust des Jobs und/oder der nächsten Beziehungen resultieren kann.

Der „Basket case" verbraucht Stressenergie, indem er physisch nicht fit ist. Sein Körper verkraftet Stress nicht, ohne dabei kaputtzugehen oder extrem erschöpft zu sein. Für diesen Stresstyp wären mehr Bewegung und verbesserte Essgewohnheiten sehr hilfreich.

Grenzgänger (Cliff walker)

Mentale und emotionale Charakteristika: Ist unbekümmert in Bezug auf alle Arten von Risiko – von Gesundheit über Geld bis hin zum Autofahren ("Wenn ich schon sterben muss, dann möchte ich wenigstens Spaß dabei haben"), lebt auf geborgte Zeit, fühlt sich gleichzeitig aber unverwundbar und unsterblich.

Physische Symptome: Hoher Blutdruck, Herzkrankheiten, Diabetes, Arthritis, Migräne, Rückenschmerzen, Gicht.

Verhaltenssymptome: Hoher Anteil von Fett, Koffein, Salz, Zucker und raffinierter Nahrung im Speiseplan; ist oft Raucher und trinkt gern Alkohol; nimmt oft Schmerzmittel wie Aspirin; keine oder wenig körperliche Bewegung; versucht Modediäten, bleibt aber nicht dabei.

Typische Beispiele: Eher übergewichtig und schlampig gekleidet, die typische "Couch potato".

Frühe Warnsignale: Der Blutdruck steigt über gesunde Werte; sieht älter aus, als sie/er ist; blasse Hautfarbe; schlampige Körperhaltung; Ringe unter den Augen.

Langzeitkonsequenzen: Schlaganfall; Herzinfarkt; frühzeitiger Tod.

➜ *Lösung:* Essgewohnheiten ändern und körperliche Aktivität.

Wie der Name schon sagt, ist der "Cliff walker" ein Grenzgänger. Sein Lebensstil besteht aus chronischem Selbstmissbrauch und Selbstausbeutung. Zusammen mit dem "Speed freak" ist er *der* Kandidat für den Herzinfarkt zwischen 30 und 50. Oft leidet er auch unter einer Vielzahl von anderen Beschwerden: Migräne, Bluthochdruck, Magengeschwüre, Bronchitis, Gicht, Diabetes, Arthritis und schweren Rückenproblemen. Seine Gesundheit und seine Essgewohnheiten sind in einem fürchterlichen Zustand. Wahrscheinlich isst und trinkt er zu viel, ist übergewichtig, nimmt häufig Beruhigungsmittel und Magentabletten, macht selten oder nie Bewegung und hat wenig Erholungszeit und Familienleben. Sein Speiseplan beinhaltet viel Fett, raffinierte Lebensmittel und Zucker. Aufgrund seines ungesunden Lebensstils ist es nicht möglich vorherzusagen, wann er von den Klippen fällt – aber eher früher als später.

Oberflächlich betrachtet scheinen "Cliff walker" und "Basket case" viele Parallelen aufzuweisen. Tatsächlich aber sind sie sehr unterschiedlich. Der "Basket case" zeichnet sich durch abnehmende Effizienz aus. Man könnte ihn mit einem Auto vergleichen, das langsam, aber sicher zusammenbricht. Im Gegensatz dazu ist der „Cliff walker" schon zusammengebrochen. Wenn man den „Basket case" als nicht fit bezeichnet, so müsste man den „Cliff walker" ein Wrack nennen, der Stressenergie verliert wie ein auf Grund gelaufener Tanker Öl. Dennoch sind seine Stressenergie-Reserven noch ausreichend, bis es zu einem massiven „Leck" kommt, zum Beispiel einen Herzinfarkt. Es ist nur eine Frage der Zeit, bis das schwächste Organsystem vollkommen zusammenbricht. Eine Kleinigkeit kann dann das Fass zum Überlaufen bringen. Bewegung und bessere Ernährung können einen ersten wichtigen Schritt darstellen.

Drifter (No satisfying life purpose or direction)

Mentale und emotionale Charakteristika: Unglücklich, deprimiert, hoffnungslos; es fehlt der „Motor" (drive), und er fühlt, zu wenig zu erreichen; zweifelt bestehende Ziele an und ist sich bewusst, dass es eine Kluft zwischen dem tatsächlichen Leben und dem, wie sie/er gern leben würde, gibt.

Physische Symptome: Wenig Energie, Schlaflosigkeit, häufig kränklich.

Verhaltenssymptome: Investiert seine abnehmende Energie vor allem in Freizeitaktivitäten; sucht rasche Befriedigung (Essen, Unterhaltung); Beziehungen werden oft instabil; er schwankt von einem Extrem ins andere; vollzieht gelegentlich eine massive Richtungsänderung im Leben, zum Beispiel Karriere, Scheidung, Aussteigen.

Typische Beispiele: Teenager oder junger Erwachsener, der sich nicht für einen bestimmten Beruf oder Karriere oder Ausbildung entscheiden kann (zum Beispiel der ewige Berufsstudent); der 30- bis 40-Jährige in der Midlife-Crisis; der frischgebackene Pensionär, der den Sinn wieder finden muss; der Familienmensch (zum Beispiel Hausfrau), der darunter leidet, dass das „Nest" leer ist.

Frühe Warnsignale: Zunehmende Entfremdung und Unzufriedenheit am Arbeitsplatz, obwohl sich Erfolge einstellen; abnehmende Energie für Freunde und Familie.

Langzeitkonsequenzen: Exzentrisches Verhalten, emotionale Schwierigkeiten; höheres Risiko von Selbstmord oder Unfällen.

➜ *Lösung:* Sich mit den grundsätzlichen Werten beschäftigen („Was will ich wirklich?") und den Lebensstil entsprechend darauf umstellen.

Es gibt zwei Hauptarten von „Driftern". Der auffälligere ist jener, der kein Ziel und keine Richtung zu finden scheint. Er hat vielleicht einen Universitätsabschluss, wechselt dann aber den Arbeitsplatz wie andere die Hemden, ohne wirklich Boden unter den Füßen zu finden. Ebenso häufig sind jedoch Menschen in der klassischen Midlife-Crisis. Die sind oft sehr erfolgreich, aber an einem Punkt angelangt, an dem sie ihre Ziele und die dafür nötige Aufopferung hinterfragen. Es gibt zwei besonders kritische Lebensabschnitte, in denen das „Drifter"-Verhalten häufig zutage tritt: das ausklingende Teenageralter bis in die frühen Zwanziger, wenn Menschen ihren Berufsweg beginnen müssen, und das Alter um die Pensionierung.

Die meisten Menschen gelangen irgendwann an einen Punkt, an dem sie an ihren Zielen und an dem, was sie erreicht haben, zweifeln. Und zwar von der Hausfrau, deren Kinder das „Nest" verlassen haben, bis zum Generaldirektor, den sein Erfolg nicht mehr befriedigt. Diese Krise kann mehrere Monate dauern, aber auch viele Jahre. Sie ist zumeist von geringer Produktivität und Kreativität sowie flüchtigen Bekanntschaften gekennzeichnet. Auch der Einsatz für Kollegen und am Arbeitsplatz allgemein ist vermindert. Die Kluft zwischen Berufserfolg und persönlichem Misserfolg kann in schwerer Depression, psychischer Lähmung und dramatischen Lebensänderungen, die schwere Konsequenzen haben, resultieren.

Der klassische Drifter fühlt sich unfähig, die Person zu werden, die er gern wäre. Er glaubt, dass seine Kreativität verkümmert und dass er nichts aus seinen Talenten und Fähigkeiten gemacht hat oder diese in einer ungeeigneten Weise vergeudet. Er zweifelt seine Ziele an, besonders die Karriereziele, und empfindet, dass die Art, wie er die Zeit verbringt, nicht sein Selbst und seine Interessen widerspiegelt. Er glaubt, dass er von anderen als erfolgreicher empfunden wird, als er ist. Er weiß nicht, was er will, er weiß nur, dass er nicht will, was er hat.

Seine Situation ähnelt jener des Sisyphus der griechischen Mythologie, der den Stein immer wieder auf den Gipfel schafft, nur um festzustellen, dass er immer wieder hinunterrollt. Da ihn nichts befriedigen kann, bleibt er auf neu eingeschlagenen Wegen nicht lange genug, bis sie ins Ziel führen. Weil er so viel Energie in sein Leben investiert hat, glaubt er, dass es einen Sinn dafür geben muss. Warum hat er sich sonst so lange und so hart angestrengt?

Der „Drifter" verliert seine Stressenergie durch psychische Unsicherheit. Er stellt sich nicht mehr voll hinter eine Sache, die er anfängt, sondern beginnt vieles halbherzig. Selbstzweifel sind die Folge. Die Lösung für den „Drifter" besteht darin, sich intensiv mit seinen Werten und Zielen zu beschäftigen und dann sein Leben entsprechend zu ändern.

Fazit: Vielleicht haben Sie die teilweise extremen Beschreibungen abgeschreckt. Aber keine Angst, man muss ja nicht gleich zu 100 Prozent einen gewissen Typ verkörpern, vielmehr wird man einige Anteile bei sich wieder finden, andere aber nicht. Denn jeder von uns ist letztendlich ein Mischtyp. Die am häufigsten beobachteten Primärtypen waren

- Mauerblümchen (22,8%),
- Einzelgänger (20,4%),
- Drifter (19,1%).

Außerdem kann sich unsere Typzusammensetzung im Laufe des Lebens durchaus verändern. Traumatische Erlebnisse können sogar sehr rasch zu einer neuen Verteilung und Intensität führen.

Die zwei Stressreaktionsmuster

Schon Hans Selye erkannte, dass seine Probanden mit zwei sehr unterschiedlichen Verhaltensmustern auf Disstress reagieren. Das entwicklungsgeschichtlich vermutlich dominierende war das Mobilisieren aller Kräfte für Kampf oder Flucht. Selye beobachtet jedoch noch einen Typus, der auf große Stressbelastung mit Lähmung und Handlungsunfähigkeit reagiert. Die Person verharrt in der Schrecksekunde.

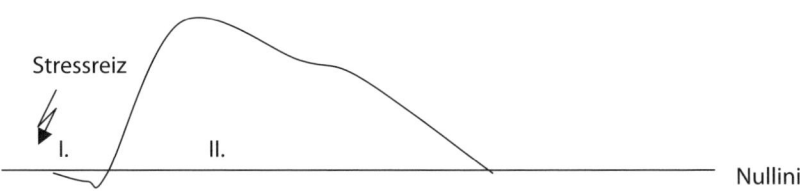

Kampf- und Fluchttyp: Die Vorphase (I.) ist sehr stark vermindert oder fehlt vollkommen, die Reaktionsphase (II.) ist verlängert und verstärkt, die Erholungsphase fehlt.

Stressreiz

Schrecktyp: Die Vorphase (I.) ist übersteigert, die Reaktionsphase (II.) fehlt ganz oder tritt erst mit großer Verzögerung ein.

Selye führt die unterschiedlichen Reaktionen auf eine Dominanz des Sympathikus-Systems beim Kampf- und Fluchttyp und des Parasympathikus-Systems beim Schrecktyp zurück. Die beiden Systeme sind in ihrer Wirkung auf den Organismus Antagonisten. Sie werden vom Gehirn gesteuert und durch Nerven kontrolliert. Der Sympathikus mobilisiert die Energie, führt zu Wachsamkeit und hilft uns, am Morgen aufzustehen. Der Parasympathikus führt zu Verlangsamung und Müdigkeit, hilft einzuschlafen und unterstützt die Darmtätigkeit.

Je nach dominierendem System werden folgende physiologische Reaktionen beobachtet:

Sympathikus

steigert Atmung und Herzfrequenz

aktiviert Pulsfrequenz und Blutdruck

Durchblutung und Schweißbildung

Parasympathikus

verlangsamt die Atmung

drosselt Pulsschlag und Blutdruck

Durchblutung wird vermindert

Die folgende Tabelle zeigt, wie die beiden Reaktionsarten von den Betroffenen erlebt werden.

Stresstypen (je nach der überwiegenden vegetativen Reaktion)	
Kampf- und Fluchttyp	Schrecktyp
(Sympathikus dominiert)	(Parasympathikus dominiert)
Nervosität	Schwäche
Herzklopfen	Angstzustände
Reizbarkeit	Hilflosigkeit

Überaktivität	Lähmung
Hektik	Überforderung
Daraus ergibt sich ein unterschiedliches psychosomatisches Krankheitsrisiko:	
Krankheiten die das Herz, den Kreislauf und das Gefäßsystem betreffen, Migräne, Bluthochdruck, Herzrhythmusstörungen, Angina pectoris	niedriger Blutdruck, Bronchialasthma, Krankheiten im Verdauungssystem, Diarrhöe, Gastritis, Magen- und Darmgeschwüre

Folgender Fragebogen kann für eine erste Selbsteinschätzung nützlich sein. Vergeben sie für jede Aussage eine Punktzahl von 0 bis 3.

Fragebogen: Selbsteinschätzung

0   trifft überhaupt nicht zu

1   trifft selten zu

2   trifft gelegentlich zu

3   trifft oft zu

Ich fühle wenig Begeisterung für meine Arbeit.	1	2	3	4
Ich fühle mich müde, auch wenn ich ausreichend geschlafen habe.	1	2	3	4
Ich fühle mich frustriert, wenn ich meine Arbeitsaufgaben erledige.	1	2	3	4
Ich empfinde Stimmungswechsel, bin irritierbar und ungeduldig bei kleinen Unannehmlichkeiten.	1	2	3	4
Ich möchte mich gern vom konstanten Zugriff auf meine Zeit und Energie schützen.	1	2	3	4
Ich fühle mich negativ, sinnlos oder deprimiert bezüglich meiner Arbeit.	1	2	3	4
Meine Entscheidungsfähigkeit scheint schlechter als normal zu sein.	1	2	3	4
Ich denke, dass ich nicht so effizient bin, wie ich sein sollte.	1	2	3	4
Die Qualität meiner Arbeit ist geringer, als sie sein sollte.	1	2	3	4

	1	2	3	4
Ich fühle mich physisch, emotional oder geistig ausgelaugt.	1	2	3	4
Meine Widerstandsfähigkeit gegen Krankheit ist herabgesetzt.	1	2	3	4
Mein Interesse an Sex ist herabgesetzt.	1	2	3	4
Ich esse mehr bzw. weniger, trinke mehr Kaffee oder Tee, rauche mehr oder trinke mehr Alkohol, um mit meiner Arbeit zurechtzukommen.	1	2	3	4
Ich habe kein Mitgefühl für die Probleme und Bedürfnisse anderer.	1	2	3	4
Meine Kommunikation mit meinem Vorgesetzten, meinen Kollegen, Freunden oder Familienmitgliedern scheint verschlechtert.	1	2	3	4
Ich bin vergesslich.	1	2	3	4
Ich habe Konzentrationsschwierigkeiten.	1	2	3	4
Ich langweile mich leicht.	1	2	3	4
Ich empfinde Unzufriedenheit.	1	2	3	4
Wenn ich mich frage, warum ich jeden Tag aufstehe und zur Arbeit gehe, ist die einzige Antwort: „Das Geld."	1	2	3	4

Schlüssel zur Interpretation:

0–20: Ihr Stressniveau ist nicht sehr hoch. Anscheinend haben Sie Mechanismen gefunden, den Belastungen entgegenzuwirken. Weiter so!

21–40: Sie sind auf dem besten Weg zum Burnout. Noch ist es nicht zu spät, Sie sollten aber rasch an sich arbeiten und Bewältigungsmechanismen anwenden.

41–60: Alarmstufe Rot! Sie sollten sehr rasch etwas gegen den von Ihnen erlebten Stress tun. Sonst sind negative Folgen für Ihre Gesundheit sehr wahrscheinlich.

Die sechs Säulen der Stressbekämpfung

> Wir hören nicht auf zu spielen, weil wir alt werden. Wir werden
> alt, weil wir aufhören zu spielen.
>
> *N. N.*

Gäbe es keine Lösung, so wäre alles bisher Gesagte zwar interessant, aber hoffnungslos. Es gibt aber Lösungsansätze, die je nach Stresstyp unterschiedliche Wichtigkeit haben. Bei der Beschreibung der sechs Typen nach den Arbeiten des Canadian Institute of Stress sind die unterschiedlichen Hauptangriffspunkte schon erwähnt. So ist es für den „Grenzgänger" („Cliff walker") von großer Bedeutung, bei der Ernährung und Bewegung anzusetzen, für den „Hyperaktiven" („Speed freak") ist hingegen Entspannung ein absolutes Muss. Natürlich ist es von Vorteil, alle sechs Säulen der Stressbewältigung zu berücksichtigen, allerdings sollte man dort beginnen, wo es am notwendigsten ist.

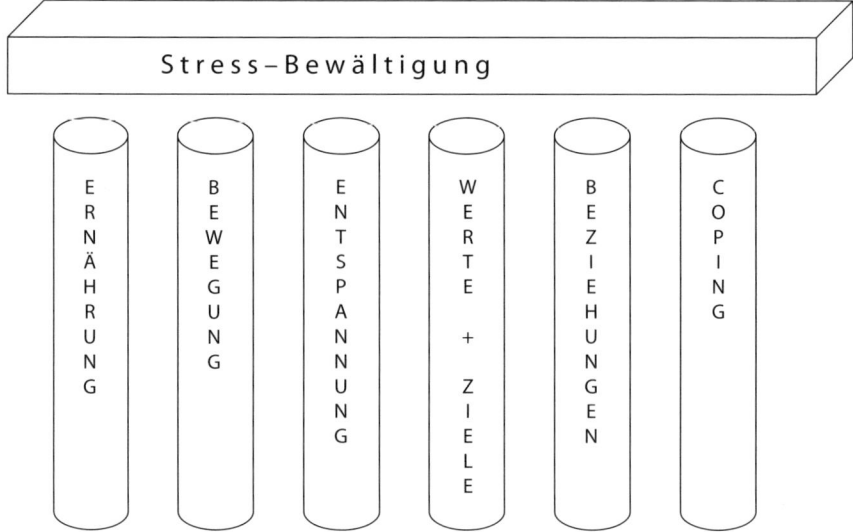

Die sechs Säulen der Stressbewältigung

Ernährung

Über Ernährung wurde und wird sehr viel geschrieben und die verschiedenen Philosophien könnten unterschiedlicher kaum sein. Ein großer Teil der Diäten und Empfehlungen hat durchaus seine Berechtigung, zumindest unter bestimmten Bedingungen. Einige wiederum sind schlichtweg gesundheitsgefährdend. Wir wollen uns hier auf einige Grundsätze beschränken, ohne eine bestimmte Ernährungsphilosophie zu propagieren. Hält man sich an diese Grundsätze, ist zur Stressreduktion schon viel erreicht. Gerade in stressreichen Zeiten ist der Körper auf eine ausgewogene und richtige Ernährung angewiesen, weil der Bedarf an Vitaminen, Mineralien und anderen essenziellen Substanzen steigt und deren Mangel sich besonders negativ auswirkt.

Man kann die Nahrung in zwei große Kategorien unterteilen:

- Energielieferanten (Kohlenhydrate, Fette, Eiweiß)
- essenzielle Stoffe (Vitamine, Minerale, Spurenelemente, Ballaststoffe)

Kohlenhydrate

Die Kohlenhydrate sind die am schnellsten verdaubare Form von Energie und sollten einen Großteil der Ernährung ausmachen. Sie sind in Getreideprodukten, Reis, Kartoffeln etc. enthalten. Kohlenhydrate bestehen aus Ketten von Zuckermolekülen. Je nach Länge der Kette unterscheidet man einfache Kohlenhydrate (Traubenzucker ist die am schnellsten mobilisierbare Form), mittelkettige Kohlenhydrate und komplexe oder langkettige Kohlenhydrate.

Je längerkettig sie sind, desto länger benötigt der Organismus, sie abzubauen, allerdings erfolgt die Energieabgabe auch stetiger. So erreicht man mit Traubenzucker einen sehr raschen Anstieg des Blutzuckerspiegels, der jedoch genauso schnell wieder abfällt. Bei sportlichen Aktivitäten ist in der Regel eine Mischung von kurz- und langkettigen Kohlenhydraten gut, im Büroalltag, wo der sportliche Aspekt eher gering ist, sollte man komplexe, lang anhaltende Kohlenhydrate zu sich nehmen.

Fette

Fette enthalten doppelt so viel Energie wie Kohlenhydrate und Eiweiß und bestehen aus Fettsäuren, die chemisch an Glycerin gebunden sind. Man unterscheidet gesättigte, einfach ungesättigte und mehrfach ungesättigte Fettsäuren. Die beiden Letzteren sind für den Körper notwendig, auf gesättigte Fettsäuren könnten wir theoretisch verzichten.

In früheren Zeiten, als die meisten Menschen noch schwere körperliche Arbeit verrichten mussten, war Fett zweifelsohne ein sehr wichtiger Energielieferant. So decken die extremen Ausdauersportler während des Wettkampfes den Großteil ihres Energiebedarfs mit Fett, da sie so viel Kohlenhydrate gar nicht essen könnten. Dies gilt für den Normalverbraucher allerdings nicht. Für vorwiegend sitzende Tätigkeit sollten wir den Fettkonsum stark einschränken, aber nicht auf die ungesättigten Fettsäuren verzichten. Diese sind in den meisten pflanzlichen Fetten und Ölen, zum Beispiel im Olivenöl, enthalten.

Eiweiße

Eiweiß (Protein) hat zwei Funktionen:

- Besteht Energiebedarf, weil zu wenig Kohlenhydrate oder Fette vorhanden sind, werden die Eiweiße abgebaut und daraus Energie gewonnen. Dies geschieht auch dann, wenn im Rahmen extremer Hungerzustände nur mehr wenig körpereigenes Fett abgebaut wird und somit die Muskeln, die ja aus reinem Eiweiß bestehen, herangezogen werden. Aus diesem Grund führt sehr intensives Fasten zu Muskelschwund.
- Wird der Energiebedarf durch Fette und Kohlenhydrate gedeckt, so wird Eiweiß zum Körperaufbau verwendet. Dies beinhaltet Muskeln, Enzyme, Haare, Hautbestandteile und vieles mehr.

Eiweiße werden aus 20 verschiedenen Aminosäuren aufgebaut, von denen der menschliche Körper zwölf selbst herstellen kann, acht müssen jedoch zugeführt werden. Werden diese acht essenziellen Aminosäuren nicht zugeführt, kommt es auf Dauer zu schwerwiegenden Mangelerscheinungen. Darauf müssen besonders Vegetarier achten, vor allem jene, die auch auf Milchprodukte, Eier und Fisch verzichten. Es gibt zwar durchaus Pflanzen, in denen die essenziellen Aminosäuren genügend vorhanden sind. Man muss sie jedoch in ausreichender Menge zu sich nehmen.

Vitamine und Mineralstoffe

Besonders in stressreichen Zeiten steigt der Bedarf unseres Körpers an Vitaminen und Mineralstoffen. Dies hat zwei Gründe:

- Zum einen ist der Stoffwechsel angeregt, wodurch eben mehr Vitamine und Mineralstoffe umgesetzt und ausgeschieden werden.
- Zum anderen haben vor allem die Vitamine neben ihrer Aufbaufunktion auch die Eigenschaft, Radikale abzufangen.

Radikale sind sehr reaktionsfreudige Moleküle, die alles angreifen und in seiner Struktur verändern, was ihnen in den Weg kommt. Sind dies Zellen, so können sie diese nachhaltig schädigen, bis hin zu deren Entartung. Das Ergebnis ist Krebs. Einige der Vitamine (A, C und E, wahrscheinlich aber auch andere) sind hervorragende Radikalfänger, machen diese freien Radikale also unschädlich, bevor sie Schaden anrichten können. Dabei werden die Fängersubstanzen aber verbraucht, müssen also nachgeliefert werden.
Neuere Untersuchungen haben gezeigt, dass auch grüner Tee diese Wirkung entfaltet. Vitamine und Mineralstoffe sind vor allem in Früchten, aber auch in Gemüse sowie in Vollkornprodukten enthalten. „Junk-Food" enthält so gut wie keine Vitamine und Mineralstoffe. Vermutlich nimmt der Körper Vitamine und Minerale aus natürlichen Produkten besser und effizienter auf als aus Präparaten. Zu Vitamin- und Mineralpräparaten sollte man trotzdem greifen, wenn man nicht genügend Obst und Gemüse zu sich nehmen kann, sei es aus zeitlichen, diätetischen oder anderen Gründen.

Durchschnittliche und ideale Zusammensetzung des Speisezettels in Prozent der Gesamtenergieaufnahme		
Energielieferant	Ist	Soll
Fett	42%	30%
Eiweiß	12%	12%
Komplexe Kohlenhydrate	22%	48%
Zucker	24%	10%

Nicht nur die Zusammensetzung des Speiseplans spielt eine entscheidende Rolle, sondern auch die absolute Menge an aufgenommenen Kalorien. Der Begründer des modernen Karate, Gichin Funakoshi, sagte in einem Interview zu seinem 90. Geburtstag auf die Frage, worauf er sein hohes Alter bei sehr guter Gesundheit zurückführe:

> „Betrachten wir für einen Moment den wichtigen Gesichtspunkt der Nahrung. Ich esse mäßig, nie so viel, dass ich voll bin. Gemüse ist ein Hauptbestandteil meiner Diät, und obwohl ich gerne Fleisch und Fisch esse, schränke ich diese beiden Dinge noch ein. Ich habe mir zur Regel gemacht, nie mehr als eine Beilage oder eine Schale Suppe zu essen. Ich glaube, die Mäßigung in Bezug auf das Essen ist ein Hauptgrund, warum ich meine gute Gesundheit erhalten habe."

Essen Sie gerade in stressreichen Zeiten regelmäßig, dafür kleinere Mengen. Diese sollten vor allem ausgewogen sein.

Flüssigkeitsaufnahme

Wir halten es für besonders wichtig, auf die Bedeutung der Flüssigkeitszufuhr hinzuweisen. Durst ist leider nur ein ungenauer Indikator, dass wir Wasser benötigen. Besonders in der kalten Jahreszeit, wenn die Luft in den Wohnungen und Büros sehr trocken ist, verlieren wir allein durch die Atmung einige Liter pro Tag. Trockene Atemwege sind jedoch die ideale Voraussetzung für Verkühlungen, da die körpereigenen Immunzellen in diesem trockenen Milieu nicht effektiv sind. Stress führt zusätzlich zu erhöhter Atemfrequenz, wodurch noch mehr Wasserdampf abgeatmet wird.

2% Flüssigkeitsverlust = 20% Leistungsverlust

Es macht auch einen Unterschied, ob man zwei Liter auf einmal trinkt oder kleine Mengen über den ganzen Tag verteilt. Einige Unternehmen tragen diesen Erkenntnissen schon Rechnung und haben an vielen Orten Wasserbehälter und Becher aufgestellt. Alkoholische und koffeinreiche Getränke besitzen eine harntreibende Wirkung, somit tragen sie nicht positiv zur Flüssigkeitsbilanz bei. Am besten sind reines Wasser bzw. Mineralwasser, verdünnte Fruchtsäfte und Tees. Man kann nicht zu viel trinken!

Bewegung

Bewegung ist ebenso wichtig wie gefährlich. Man kann vieles falsch machen, dann sind körperliche Schäden die Folge. In letzter Zeit begegnet man oft gequälten Läufern auf den klassischen Laufrouten, die mit hochrotem Kopf dem von Gurus proklamierten Hobby frönen. Sie sind viel zu schwer, um locker zu laufen, sind für ihre Verhältnisse zu schnell, laufen aus orthopädischer Sicht falsch und dehnen sich nach der Bewegung nicht ausreichend. Die Sprechzimmer der Sportmediziner werden in naher Zukunft mit dieser Spezies gefüllt sein. Laufen ist gesund, das steht außer Zweifel. Hat man in den letzten Jahrzehnten aber versäumt, es auszuüben, und stattdessen viele Kilos angehäuft, so sollte man sehr sachte an die wiederentdeckte Bewegung herangehen. Gelenke und Bänder müssen sich erst an die Belastung gewöhnen und benötigen dafür viel mehr Zeit als die Muskulatur. Cross-Training ist das Zauberwort. Es bedeutet, verschiedene Sportarten auszuüben, um die Herz-Kreislauf-Fitness zu steigern. So kommen Schwimmen, Radfahren, Rudern, Langlaufen, rasches Wandern, Circle-Training etc. neben dem Laufen infrage.

Wenn man diese Aktivitäten abwechselnd ausübt, werden immer wieder neue Muskeln, Gelenke und Bänder belastet, die anderen können sich in der Zwischenzeit regenerieren. Außerdem macht es mehr Spaß, verschiedene Dinge zu machen. Und Freude an der Bewegung ist wichtig, um nicht frustriert wieder aufzuhören. Bei stark übergewichtigen Menschen ist vom Laufen in der Anfangsphase überhaupt abzuraten, da bei jedem Schritt das gesamte Gewicht auf den wenigen Quadratzentimetern des Knieknorpels abgefedert wird, was ihm sicherlich nicht guttut.

Für die Gesundheitserhaltung reicht es völlig aus, drei Mal pro Woche den Kreislauf mindestens 30 Minuten auf Trainingspuls zu belasten. Dabei ist vollkommen egal, mit welcher Bewegung man die Pulsfrequenz erreicht. Es werden allerdings je nach Aktivität unterschiedliche Muskelgruppen mittrainiert. Der optimale Trainingspuls lässt sich am besten durch eine sportmedizinische Untersuchung mit Lactattest feststellen. Für den Anfang ist man aber mit folgender Formel durchaus gut beraten:

Theoretischer Maximalpuls = 220 − Lebensalter in Jahren

Anfänger sollten bei ca. 65 Prozent des theoretischen Maximalpulses trainieren, Profis bei 85 Prozent.

Die negative Stressenergie in Schweiß auflösen, lautet die Devise!

Entspannung

Entspannung ist eine der wichtigsten Antistressmethoden und vor allem rasch anzuwenden. Es empfiehlt sich, eine individuell als angenehm empfundene und gut beherrschte Entspannungstechnik zu verwenden, wenn man gerade eine sehr stressreichen Periode durchlebt. Durch gute Kenntnis der Methode kann man zügig in die Entspannungsphase kommen, auch wenn es rundgeht. Die richtige Methode muss allerdings jeder Mensch für sich herausfinden. Bei den vielen Stressworkshops wurden annähernd so viele Entspannungstechniken genannt, wie es Teilnehmer gab. Dazu gehörten Tai-Chi, Chi-Gong, autogenes Training, Yoga, klassische Musik, Spaziergänge, Dösen, Spielen mit Kindern, Kochen, Rasenmähen, Sex und viele andere.

Es gibt nicht die beste Entspannungstechnik, sondern nur die für Sie beste.

Nicht zuletzt sei der Schlaf erwähnt, der besonders in Stresszeiten die wichtigste Entspannungsform darstellt.

Werte und Ziele

> Wer das Ziel nicht weiß,
> kann den Weg nicht haben,
> wird im selben Kreis,
> all sein Leben traben.
>
> *Christian Morgenstern*

Es gibt natürlich keine Patentrezepte, wie man sein Wertsystem und seine Ziele im Leben finden kann. Allerdings ist es für ein erfülltes Leben wichtig zu wissen, wohin die Reise gehen soll. Diese Suche kann lange dauern. Folgende

Fragen können helfen, sich über Ziele – und über die Hindernisse auf dem Weg dorthin – klar zu werden:

1. Welches ist Ihr Ziel?
   (Konkret, überprüfbar, positiv, in eigener Kontrolle)
2. Woran bemerken Sie, dass Sie Ihr Ziel erreicht haben?
   (Wie genau?)
3. In welchen Situationen möchten Sie dieses Ziel mit wem, wann, wo, wie oft leben?
   (Kontext)
4. Woran könnte Ihr soziales Umfeld erkennen, dass Sie Ihr Ziel erreicht haben?
   (Wer, wie, Reaktionen darauf)
5. Welche Auswirkungen könnte die Erreichung Ihres Zieles auf Ihr Leben haben?
   (Was wäre ein Gewinn, was ein Verlust?)
6. Gibt es Gründe, warum Sie sich selbst hindern könnten, das Ziel zu erreichen?
   (Beharrungsstrategien)
7. Sind Sie sicher, dass Sie das Ziel erreichen wollen?

Wenn die persönlichen Lebensziele und das eigene Wertsystem, sofern bekannt, mit unserem Job in Einklang zu bringen sind, wird sich das sehr positiv auf die Motivation und gegen den empfundenen Stress auswirken. Wenn hingegen ein großer Widerspruch zwischen unseren Zielen und Werten und der Arbeit besteht, wird uns jede Kleinigkeit stressen und wir werden uns im Extremfall leer und ausgepumpt fühlen.

Beziehungen

Der Mensch ist nicht zum Alleinsein geschaffen. Sowohl unsere nächsten Verwandten als auch die gemeinsamen Vorfahren leben bzw. lebten in Gruppen. Überleben als Eremit wäre in grauer Vorzeit kaum möglich gewesen. Wir haben uns also an Begleitung durch Artgenossen gewöhnt und brauchen sie sogar. Natürlich besteht hier eine große individuelle Bandbreite: So können manche Menschen keine Minute allein sein, andere wiederum halten es wochenlang aus. Hermann Hesses „Steppenwolf" ist eine sehr gute Beschreibung dessen, was passiert, wenn wir vereinsamen.

Beziehungen sind für unser psychisches Gleichgewicht wichtig. Dennoch ziehen wir uns gerade in Zeiten großer Stressbelastung von den wirklich erfüllenden Beziehungen zurück, vernachlässigen gute Freunde und sogar die eigene Familie. Es genügt jedoch nicht, irgendwelche zwischenmenschlichen Beziehungen zu pflegen. Um dem Disstress entgegen- und für unsere Psyche positiv zu wirken, sind wertvolle und auf Gegenseitigkeit beruhende Beziehungen nötig.

Die Kommunikation ist die Form des Austausches in Beziehungen. Wenn sie gestört ist, kann es zwischenmenschlich auch nicht funktionieren. Gestörte Kommunikation bewirkt Unsicherheit, Unsicherheit bewirkt Angst und Angst macht Stress. Diesen Kreislauf zu durchbrechen ist dringendes Gebot, wenn man stressfreier und im psychischen Gleichgewicht leben will.

Wann haben Sie zuletzt wirklich gute Freunde getroffen? Mit ihnen tiefschürfende Gespräche geführt? Einfach Zeit miteinander verbracht, die von beiden Seiten als sehr positiv erlebt wurde? Und wie sieht es mit Zeit für die engere Familie aus? Wie erleben Sie das Verhältnis zu den Arbeitskollegen? Gehen die gemeinsamen Aktivitäten über rein fachliche hinaus? Freuen Sie sich darauf, in der Frühe die Kollegen zu sehen, oder fürchten Sie sich davor? An Beziehungen zu arbeiten ist ein langwieriger Prozess. Und hat man sie verloren, dauert es lange, die alten wieder aufzubauen und neue zu entwickeln. Aber es zahlt sich aus.

Coping-Mechanismen

> Nicht die Dinge selbst beunruhigen uns, sondern die Meinung, die wir von den Dingen haben.
>
> *Epiktet*

Wie schon der Philosoph Epiktet erkannt hat, spielt unsere Einstellung gegenüber den Herausforderungen des Lebens eine entscheidende Rolle. Wie wir an die Dinge herangehen, entscheidet über unser Gefühl dabei. Die Coping-Mechanismen sind zwar langwierig zu erlernen, aber sehr erfolgreich, wenn sie einmal funktionieren. Man kann damit das Stressempfinden auf drei Ebenen vermindern:

Veränderung der inneren Einstellung

Durch Reflexion und „Nicht-so-wichtig-Nehmen" kann viel an Disstress vermieden werden. Wir glauben oft, dass die Welt untergeht, wenn wir dieses oder jenes nicht zustande bringen. Viele vor uns haben dies schon gedacht und viele nach uns werden es glauben. Jedoch die Welt steht nach wie vor – und so wird es noch lange sein.

Veränderung des Umgangs mit Stress

Wenn wir unsere Stress-Alarmlämpchen aufleuchten sehen, sollten wir nicht noch hektischer werden, sondern einen Schritt zurück machen, tief durchatmen, kurz nachdenken. Vielleicht können wir einiges verschieben oder effizienter erledigen. Im Malstrom des Disstress haben wir keinen Kopf für Alternativen und gehen sehr oft umständlich an die Dinge heran.

Veränderung der Stressfaktoren selbst (qualitativ und quantitativ)

Nicht zuletzt an den Stressfaktoren selbst kann man ansetzen. So ist es zum Beispiel möglich, die Terminfrequenz zu vergrößern, wenn deren Frequenz einen Hauptstressor darstellt. Sollte Zu-spät-Kommen unser Problem sein, so „betrügen" sich viele selbst, indem sie die Uhr zehn Minuten vorstellen. Trotz des Wissens um den Selbstbetrug funktioniert es!
Man kann auch Reservezeit im Terminkalender einplanen. Wird sie letztendlich nicht durch Termine verbraucht, kann man in ihr wichtige, aber nicht dringende Aufgaben erledigen. Die Liste der Beispiele könnte an dieser Stelle noch unendlich weitergeführt werden. Am besten ist aber, man findet selbst heraus, wo sich im eigenen Tagesablauf Veränderungsmöglichkeiten anbieten.

Den Biorhythmus beachten

Zu guter Letzt sei noch erwähnt, dass eine Arbeitsaufteilung für den Tag wenn möglich den Biorhythmus berücksichtigen sollte. Das wird in einigen Jobs besser gehen, in anderen schlechter. Wahrscheinlich ist eine Optimierung aber überall möglich.

Wir sind nicht zu jeder Tages- und Nachtzeit gleich konzentrationsfähig, wie untenstehende Kurve zeigt. Daher sollten Arbeiten, die hohe Konzentration erfordern und bei denen Fehler große Auswirkungen haben, zu jener Tageszeit erfolgen, in der die Konzentrationsfähigkeit am höchsten ist. Routinearbeiten können in der Zeit der geringen Konzentrationsfähigkeit ebenso gut erledigt werden. Die Kurve ist zwar individuell etwas unterschiedlich, sieht im Allgemeinen aber ähnlich aus.

Konzentrationsfähigkeit

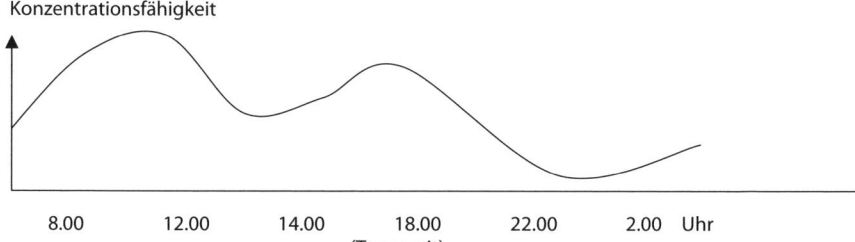

| 8.00 | 12.00 | 14.00 | 18.00 | 22.00 | 2.00 | Uhr |

(Tageszeit)

Kurve der Konzentrationsfähigkeit

Zusammenfassung des Kapitels „Stress"

Stress ist ein Bestandteil unseres Lebens. Er hat seinen Ursprung im Überlebensprogramm aller Tiere. Auf Gefahr wird mit Mobilisierung aller Reserven reagiert, um dieser Gefahr entweder mit Kampf oder durch Flucht zu begegnen.

Die negativen Folgen

Stresssituationen sind heutzutage allerdings selten lebensbedrohlich – und so überwiegen die negativen Folgen dieser Mobilisierung, vor allem bei chronisch wirkendem Stress. Zu diesen Folgen zählen Herz-Kreislauf-Erkrankungen ebenso wie psychische Probleme und Infektionen aller Art.

Eustress – Disstress

Hält man das Stressniveau jedoch in einem tragbaren Bereich, so befindet man sich im Eustress (guter Stress), der sogar positive Energie zur Bewältigung von Problemen bereitstellt. Ruhepausen sind allerdings unbedingt nötig, um die „Batterien" wieder aufzuladen. Wird dieser tragbare Bereich überschritten, rutschen wir in den Disstress (böser Stress), der zu geringerer Effizienz führt, wodurch wir noch gestresster werden. Ein Teufelskreis. Man sollte also unbedingt zurückschalten, wenn man merkt, dass der Übergangsbereich von Eustress zu Disstress erreicht ist.

Strategien zur Stressbewältigung

Gerade in Stresszeiten sollten wir auf ausgewogene Ernährung und viel Flüssigkeitszufuhr achten. Der Vitamin- und Mineralstoffbedarf des Körpers steigt unter Stressbedingungen stark an. Man kann ihn durch Früchte und natürliche Säfte decken, wenn nötig aber auch durch Präparate.

Ausreichend Schlaf und Entspannungstechniken helfen uns, in stressreichen Zeiten das Erregungsniveau zu senken und dadurch nicht auszubrennen.

Positive zwischenmenschliche Beziehungen sind für das seelische Gleichgewicht immer von Bedeutung. Da dieses Gleichgewicht unter Stress leidet, ist in solchen Zeiten besonderes Augenmerk darauf zu richten. Planen Sie Unternehmungen mit guten Freunden und der Familie!

Gemäßigte körperliche Bewegung baut die angestauten schädlichen Stoffe ab. Wer dreimal pro Woche für mindestens 30 Minuten wirklich schwitzt – und dies durch Bewegung und nicht, wenn wieder Rechnungen ins Haus stehen –, hat viel erreicht.

Einstellung ändern

Viele stressverursachende Faktoren lassen sich an der Wurzel packen, zumindest aber die Einstellung zu ihnen. Loslassen-Können und diese Dinge nicht als das Wichtigste der Welt zu betrachten ist hilfreich.

7. Sozio-emotionale Intelligenz

> Arbeitskräfte wurden gerufen – Menschen sind gekommen.
>
> *Max Frisch*

Wer kennt sie nicht? Die Mitschüler, neben denen man gern bei Schularbeiten sitzt, mit denen man aber nicht die Freizeit verbringen möchte. Es handelt sich meist um intelligente Streber, die emotionale Analphabeten geblieben sind.

Nicht selten treffen wir dieses Phänomen auch bei Führungskräften an. Der fachlich Beste wird zum Manager befördert und erweist sich bald als unfähig, Menschen zu führen.

Die folgenden Zitate drücken – als Beispiele für viele – die Überraschung einiger Führungskräfte aus, dass es sich beim Führen um den Umgang mit Menschen (und deren Probleme) handelt:

„Wieso soll ich mich auf die Mitarbeiter einstellen? Ich bin ja kein Therapeut." (Mit ähnlichen Worten immer wiederkehrende Aussage)

„Das private Zeug der Mitarbeiter interessiert mich nicht. Es geht um Zielerreichung." (Ein Geschäftsführer der Autozuliefererbranche)

„Warum muss ich die Mitarbeiter motivieren? Es gibt ja den Arbeitsvertrag, der sie zur Leistung verpflichtet." (Inhaberin eines großen österreichischen Transportunternehmens)

„In Zeiten von Personalabbau kann ich mir alle Motivationsprogramme ersparen. Angst um den Arbeitsplatz motiviert die Mitarbeiter!" (Ein Generaldirektor, multinationales Unternehmen, ca. 1800 Mitarbeiter)

Was ist nun sozio-emotionale Intelligenz? Ein Sammelbegriff für notwendige soziale Fähigkeiten für Führungskräfte oder eine Mode?

Die meisten großen Persönlichkeiten der Geschichte (von Alexander dem Großen über Hildegard von Bingen und Mutter Theresa bis Fidel Castro – um nur einige zu nennen) sind Beispiele außerordentlicher sozio-emotionaler Intelligenz. Auch wenn das Konzept der emotionalen Intelligenz erst seit etwas über einem Jahrzehnt in die Führungspraxis dringt, handelt es sich dabei keineswegs um eine Mode. Vielmehr ist es von größter Bedeutung im Alltag. Jede Führungskraft wird auf längere Sicht scheitern, wenn sie nicht ein hohes Maß an sozio-emotionalen Fähigkeiten erworben hat. Intellektuelle Pferdestärken sind wichtig, doch erreichen Führungskräfte erst durch entwickelte emotionale Kompetenz das volle Potenzial ihrer Anlagen und Talente und damit produktive Beziehungen zu ihren Mitarbeitern, Kollegen und Vorgesetzten – die Basis für den Führungserfolg.

Diese Aussage soll durch folgende Formel veranschaulicht werden:

$$\text{ERFOLG} = \text{Intelligenzquotient (IQ)} \times \text{emotionaler Quotient (EQ)}$$

Es ist einsichtig, dass ein hoher IQ von zum Beispiel 125 mit null multipliziert null Erfolg ergibt. Umgekehrt kann bis zu einem gewissen Grad ein intellektuelles Defizit durch einen hohen emotionalen Quotienten kompensiert werden (zum Beispiel $100 \times 1{,}3 = 130$). Der emotionale Quotient bestimmt letztlich, wie gut Menschen ihre anderen Fähigkeiten wie die kognitive Intelligenz zu nutzen verstehen.

Während die Messung der kognitiven Intelligenz durch herkömmliche Intelligenztests weit verbreitet ist und akzeptiert wird, ist die Messung des emotionalen Quotienten noch nicht so etabliert und bedarf einer Erklärung. Wie beim IQ besteht auch der EQ aus einer Reihe von Unterkategorien. Längst befinden sich Messinstrumente auf dem Markt, stellvertretend soll der „Mayer-Salovey-Caruso Emotional Intelligence Test (MSCEIT)" genannt werden. Interessierte Leser finden im Internet die aktuelle Version.

Längst ist zu beobachten, dass von vielen Firmen nicht in erster Linie die hellsten Köpfe mit ausgezeichneten Schulnoten gesucht werden, sondern dass es auf Fähigkeiten der sozio-emotionalen Intelligenz ankommt, wenn es um Führungsaufgaben geht. So sagte mir ein erfahrener international tätiger Personalvermittler: „Je älter ich werde, umso mehr kommt es mir auf zwei Merkmale an: Ich suche Menschen, die eine Leidenschaft zeigen, etwas im Leben zu leisten, und die gelernt haben, sich auf ihre Gefühle zu verlassen."

Wo werden sozio-emotionale Fähigkeiten erworben? Wir entwickeln unsere sozio-emotionalen Fähigkeiten im Laufe unseres Lebens. Unsere Pflegepersonen, Eltern oder andere wie Kindergärtnerinnen, Lehrer, Pfarrer, Kollegen, Freunde, Chefs, tragen alle über die Erfahrungen, die wir mit ihnen machen, dazu bei, mehr oder weniger menschlich zu wachsen. Wenn das Umfeld, insbesondere das Entwicklungsniveau und die Werthaltungen der relevanten Bezugspersonen unseres Lebensweges ungünstig waren, sind diese Fähigkeiten verkümmert. Das führt zu folgender Frage: Kann man emotionale Intelligenz später erwerben? Sie ist nicht leicht erlernbar – jeder weiß, dass Lernen mit „Entlernen", d.h. mit Loslassen lieb gewordener Denkmuster und Standpunkte, verbunden ist – aber sie sind lernbar. Das Erlernen emotionaler Fähigkeiten geht daher weit über faktische Informationen hinaus. Nötig sind neue neutrale Wege. Und neue Nervenbahnen erfordern „in vivo"-Erfahrung mit der neuen Fähigkeit und sehr viel Übung. Diese neuen Erfahrungen zusammen mit intensivem Üben stellen neue Verbindungen her zwischen dem, was Sie fühlen und dem, was Sie denken. Jeder kann es überprüfen: Das Gefühl ist schneller da als der Verstand – eine Ursache, warum wir unsere spontanen Handlungen oft bereuen, wenn wir nach Abklingen des starken Gefühls darüber nachdenken. Trainingsprogramme in emotionaler Intelligenz sind darauf ausgerichtet, diese Kluft zu überbrücken.

Definition

Auch wenn sozio-emotionale Intelligenz die korrektere Bezeichnung ist, hat sich besonders im englischen Sprachraum der Ausdruck „emotionale Intelligenz" durchgesetzt.

Unter „Emotion" verstehen wir eine komplexe, gewöhnlich stark subjektive Antwort auf einen Reiz (ein Ereignis). Einige bekannte Beispiele für Emotionen sind: Liebe, Angst, Wut, Trauer, Vertrauen, Freude. Wissenschaftlich formuliert sind Emotionen „episodische, relativ kurzlebige psychologisch-physiologische Reaktionsmuster, die aus der Bewertung eines Reizes hinsichtlich seiner Bedeutung für die Ziele bzw. Bedürfnisse des Organismus resultieren" (Gall/ Kerschreiter/Mojzisch, 2002).

Daniel Goleman, der sein Buch unter dem Titel „Emotionale Intelligenz" 1995 veröffentlicht hat, beschreibt emotionale Intelligenz (EI) folgendermaßen:

> „Emotionale Intelligenz ist die Fähigkeit, unsere eigenen Gefühle und die anderer zu erkennen, um uns selbst zu motivieren und sie zum Vorteil von gelungenen zwischenmenschlichen Beziehungen einzusetzen, zu lenken, zu steuern und zu beherrschen."

Eine andere Definition von Robert Cooper lautet:

> „Emotionale Intelligenz ist die Fähigkeit, die Macht der eigenen und fremden Gefühle zu spüren, zu verstehen und wirkungsvoll anzuwenden als eine Quelle der menschlichen Energie, Information, Verbundenheit und des Einflusses."

Zusammenfassend kann man sagen, dass emotionale Intelligenz eine Reihe von Fähigkeiten umfasst, die über unseren beruflichen und privaten Erfolg entscheidet – es ist die Fähigkeit, auf Ereignisse emotional angemessen zu reagieren.

Emotional intelligent sein heißt nicht, weich zu sein. Emotional intelligent sein heißt nicht, seinen Gefühlen unkontrollierten, freien Lauf zu lassen. Es geht vielmehr darum, die Gefühle zu handhaben, um mehr Kontrolle über uns selbst und unsere Auswirkung auf andere zu entwickeln.

Die folgenden persönlichen Ziele können durch Entwicklung der sozio-emotionalen Kompetenz erreicht werden. (Es handelt sich um Auszüge aus den Rückmeldungen von Teilnehmern nach dem Besuch unserer Seminare mit dem Titel „Emotionale Intelligenz".)

- Teamfähigkeit steigern
- Konflikte konstruktiv nutzen
- Andere beeinflussen
- Meine Unbeherrschtheit verringern
- Stress reduzieren
- Andere verstehen
- Besser zuhören, weniger reden

- Selbstvertrauen entwickeln
- Motiviert bleiben trotz widriger Umstände
- Bereiter werden für Veränderungen
- Mich besser kennenlernen
- Meine Produktivität steigern
- Reibungsverluste in Beziehungen vermeiden
- Bessere Entscheidungen treffen
- Meiner Intuition vertrauen
- Mehr Freude im Leben haben
- Beruf und Familie harmonisieren
- Besser mit Ärger und Frustration umgehen

In folgenden Bereichen wird durch Entwickeln emotionaler Intelligenz Nutzen für das Unternehmen erreicht :

- Hochleistungs-Teamarbeit
- Kommunikation und effektives Feedback
- Selbstmotivation
- Mitarbeitermotivation
- Konfliktlösungsfähigkeit
- Umgang mit Veränderungen
- Führungsqualität
- Betriebsklima
- Kreativität und Innovation
- Kundenbeziehungen
- Größere Toleranz

Die fünf Kernkompetenzen der emotionalen Intelligenz

Emotionale Selbst-Bewusstheit

„Erkenne dich selbst", so steht über dem Orakel zu Delphi. Wäre dieses Vorhaben einfach, müsste man nicht ein Orakel bemühen.
Menschen, die sich ihrer Gefühle bewusst sind, können dieses Wissen als Hilfestellung bei den täglichen Entscheidungen – was als Nächstes zu tun ist

und warum, und was nicht – nutzen. Führungskräfte, die sich ihrer Gefühle wenig bewusst sind, können Mitarbeiter oder Kunden vor den Kopf stoßen, ohne es zu wollen oder manchmal sogar zu bemerken, sie stören Teamarbeit und beeinflussen so die Leistung negativ.

Gibt es positive und negative Gefühle?

Menschen erleben Gefühle als positiv, wenn sie ihre Denkfähigkeit anregen, wenn sie also wach auf das Umfeld reagieren können. Menschen bezeichnen Gefühle als negativ, wenn diese ihre Denkfähigkeit beeinträchtigen und die Aufmerksamkeit dämpfen. Nichts liegt daher näher, als negative Gefühle möglichst zu vermeiden.

Wenn wir unsere emotionale Selbst-Bewusstheit steigern wollen, hilft es, Gefühle als neutral zu bezeichnen, sie einfach als das zu akzeptieren, was sie sind, nämlich Botschaften aus unserem Inneren, die uns helfen sollen, die jeweilige Situation zu meistern. So wird es eher gelingen, sie zuzulassen. Jedes Gefühl, ob es von uns als positiv oder negativ erlebt wird, gibt uns wertvolle Information über unseren inneren (Energie-)Zustand!

Menschen beantworten äußere Reize (Ereignisse) unterschiedlich. Was manche Führungskräfte schon in starken, beeinträchtigenden Stress (Disstress) versetzt, bedeutet für eine andere nicht mehr als einen angenehmen Erregungszustand, der zu erhöhter Leistungsbereitschaft führt.

Jede unserer Wahrnehmungen eines Reizes (Ereignisses) löst Hirnprozesse aus. Wir müssen uns aber hier bewusst sein, dass die Wahrnehmung bereits individuellen Selektionsprozessen unterliegt. Wir nehmen nicht alles wahr, was ist, sondern wählen aus und – erfinden dazu! Es ist auch nicht die Wahrnehmung, auf die wir reagieren, sondern vielmehr unsere Interpretation davon. Unsere Reaktion auf die selektierte und interpretierte Wahrnehmung kann nun „auf niedrigerer Stufe" erfolgen, bevor das „höhere Hirn" eine vernünftigere Antwort zur Verfügung stellt. Wir sprechen von einer Kurzschlusshandlung oder einer „emotionalen Entführung". Auf diese selektierte und interpretierte Wahrnehmung bewusst zu reagieren und damit bewusst Einfluss zu nehmen, das ist das Ziel der Selbst-Regulierung. Die Voraussetzung dafür ist aber, sich der Gefühle bewusst zu sein.(Die neuere Hirnforschung spricht von 200 Millisekunden, die uns zwischen dem aufgrund unserer interpretierten Wahrnehmung und dem als Folge entstandenen Gefühl einerseits und unserer bewussten Reaktion zur Verfügung stehen!) Denn Gefühle beeinflussen unser Verhalten, unsere Denkfähigkeit, unsere Kreativität und unsere Fähigkeit, Entscheidungen zu treffen.

Anleitung: Wie kann man höhere Selbst-Bewusstheit entwickeln?

1. Führen Sie für eine Weile (mindestens sechs Wochen) ein „emotionales Logbuch". Das Kapitel Selbst-Bewusstheit versehen Sie mit den Spalten: Uhrzeit, Ereignis, Gefühl, Verhalten.
2. Geben Sie sich abends Rechenschaft über Ereignisse des Tages, die mehr oder weniger starke Gefühle ausgelöst haben.
3. Versuchen Sie, diese Gefühle zu benennen und zu beschreiben.
4. Analysieren Sie die Folgen dieser Gefühle auf Ihr Verhalten.
5. Besprechen Sie Ihr Logbuch mit einer Person, der Sie vertrauen.
6. Nehmen Sie das Feedback dieser Person ernst, vergleichen Sie es mit Ihren Beobachtungen und lassen Sie Veränderungsprozesse zu.

Nach diesem Übungsprogramm werden Sie Ihre beiden Energiequellen, die intellektuellen und emotionalen, besser nutzen und einsetzen können.

Selbst-Bewusstheit beschränkt sich nicht auf das bewusste Erleben der Gefühle und unserer Reaktion darauf. Selbst-Bewusstheit schließt auch ein, was wir von uns selbst glauben, wie wir uns selbst sehen, das Bild, das wir von uns selbst haben. Dieses Selbstbild kann realistisch sein oder eher einem Zerrbild gleichen. Es ist daher ebenso bedeutsam, wie wir von anderen wahrgenommen, verstanden und erlebt werden. Dieses Feedback erlaubt uns, Korrekturen an unserem Selbstbild vorzunehmen und so zu einer realistischeren Annahme über uns selbst zu gelangen.

Führungskräfte, die ein übersteigertes Selbstbewusstsein zeigen, können auf ihr Team unterdrückend und demotivierend wirken. Oft haben arrogante, überhebliche, sich selbst überschätzende Führungskräfte kurzfristigen Unternehmenserfolg und werden auch in den Medien bewundert. Die Kosten, die sie ihrem Unternehmen aber – besonders langfristig – zufügen, übersieht man oft. Übergroße Bescheidenheit und geringes Selbstbewusstsein hat ebenfalls eine Reihe von negativen Auswirkungen auf die zu führenden Teammitglieder. In beiden Fällen sind Störungen in der Beziehungsgestaltung und Leistungseinbußen zu erwarten.

Beide Formen mangelnder Selbst-Bewusstheit wirken sich negativ auf das Betriebsergebnis aus.

Emotionale Selbst-Regulierung

Die Fähigkeit zur emotionalen Selbst-Regulierung als Teil der emotionalen Intelligenz befreit uns davon, ein Gefangener unserer Gefühle zu sein. Durch Selbst-Regulierung können wir ein vertrauensvolles Umfeld schaffen und verschwenden nicht viel Zeit mit hemmenden oder blockierenden Gefühlsausbrüchen, wodurch sowohl persönliche Ziele als auch Unternehmensziele gefährdet werden. Früher hätte man dasselbe Phänomen wohl als Selbstbeherrschung bezeichnet; doch geht es nicht um die Herrschaft des Verstandes über unsere Gefühle, sondern um eine angemessene Balance!

Anleitung: Wie kann man seine Fähigkeit zur Selbst-Regulierung verbessern?

1. Nehmen Sie Ihr emotionales Logbuch und beginnen Sie ein Kapitel „Selbst-Regulierung". Markieren Sie im Kapitel „Selbst-Bewusstheit" jene Situationen, in denen Sie sich rückblickend lieber anders verhalten hätten, also wo ein zu starker Gefühlszustand das vernünftige, zielgerichtete und angemessene Verhalten verhindert hat.

2. Beim nächsten Auftreten eines solchen Zustandes konzentrieren Sie sich – weg vom rasenden Verstand und den störenden Gefühlen – auf etwas „Größeres". Der Sternenhimmel eignet sich dazu hervorragend. Oder lächeln Sie Ihrem Herzen zu. Ihnen wird schon das Richtige einfallen.

3. Versuchen Sie, sich an eine emotional positiv besetzte Situation zu erinnern, sich in sie zu versetzen und Bilder dazu zu entwickeln.

4. Dann stellen Sie sich die Frage – jetzt aus Distanz: Welches wäre eine effizientere Reaktion auf diese Situation?

5. Hören Sie auf die Antwort von innen.

6. Handeln Sie aus der Position der Balance, d.h. mit Herz *und* Verstand.

7. Halten Sie Ihre Erfahrungen im Logbuch fest.

Daniel Goleman empfiehlt für das unbeherrschte Ausrasten („emotional hijacking") eine „Auszeit" (time-out) zu nehmen. Das ist ein guter Rat, damit die Schritte 2 bis 6 noch besser gelingen. Wie lange diese Auszeit sein soll, ist individuell unterschiedlich. Je nach Erregungszustand und Persönlichkeit kann sie von einer Sekunde bis zu Tagen dauern. Es ist sinnvoll, ein emotional unbeherrschtes Gespräch erst im Anschluss fortzusetzen, um zu einem effizienten Ergebnis zu gelangen.

Die oben beschriebenen Schritte 2 bis 6 können vor einem Gespräch, während eines Gesprächs oder danach angewendet werden.

Die im Management by Objectives (MbO) vorgesehenen Mitarbeitergespräche sind ein weites Anwendungsgebiet für die Selbst-Regulierungs-Kompetenz der Führungskraft. Letztlich wird diese Fähigkeit über die Effizienz entscheiden! Auch wenn kein optimales Gesprächsklima hergestellt werden kann, erlaubt die balancierte, neutrale Position ein besseres Ergebnis, ist energiesparend für beide Seiten und blockiert künftige Entwicklungen nicht.

Selbst-Motivation

Lob ist in der Arbeitswelt selten, Kritik aber häufig anzutreffen. Entsprechend wird daher von Führungskräften ein besonders hohes Maß an Selbst-Motivation erwartet.

Und was motiviert uns? Jede Tätigkeit, deren direktes oder indirektes Ergebnis uns lohnend erscheint. Natürlich ist es sehr unterschiedlich, was Menschen für sich als lohnend beurteilen: Ein Forscher wird von möglichen neuen Entdeckungen oder Erfindungen in Bann gezogen; ein Bilanzbuchhalter freut sich über Summengleichheit im Soll und im Haben; ein Chirurg gerät ins Schwärmen, wenn er über eine schwierige, erfolgreiche Operation berichten kann; für einen Geschäftsführer ist es lohnend, gesetzte Unternehmensziele auch erreicht zu haben; ein Werbefachmann strebt nach Wirkung seiner Werbemaßnahme auf potenzielle Kunden.

Eines ist klar: Was arbeitende Menschen in erster Linie antreibt und bewegt, sind die kreative Herausforderung und die Anregung durch eine lohnende Tätigkeit selbst. Wenn wir unsere Talente und Fähigkeiten in der Arbeit einsetzen können, dabei gefordert sind, uns also entwickeln können und ein förderliches soziales Umfeld vorfinden, wir unsere Vorstellung von unserem Lebensweg auch leben können, dann fühlen wir uns von innen heraus motiviert.

Emotion und Motivation sind beide auf das lateinische *movere* (bewegen) zurückzuführen. Was uns im Inneren bewegt, sind die Gefühle, nicht so sehr die äußeren Anreize. Diese Aussage kann leicht an folgenden Beispielsituationen anschaulich gemacht werden:

Situation 1:

Wir nehmen an, Sie wohnen in München. Ihr Chef hat ein Treffen mit einem Kunden in Köln am Samstag um 8 Uhr früh vereinbart. Sie müssen daher am Vorabend anreisen. Ihr geplanter Theaterbesuch mit einer Dame/einem Herren, in die/den Sie sich vor wenigen Wochen verliebt haben, kann nicht stattfinden. Spüren Sie in sich hinein, welche Gefühle Sie in diesem Zusammenhang feststellen. Können diese Gefühle mit Ärger oder Frustration bezeichnet werden?

Situation 2:

Wir nehmen wieder an, Sie wohnen in München. Vor drei Tagen haben Sie eine liebenswerte Person, von der sie sich angezogen gefühlt haben, kennengelernt. Diese Person wohnt in Köln und verreist morgen, Samstagmittag, für ein halbes Jahr nach Australien. Die einzige Möglichkeit, diese Person wiederzusehen, ist, dass Sie Ihren Theaterbesuch streichen und den langen Weg antreten. Welche Gefühle werden diese Fahrt begleiten? Vergleichen Sie. Werden Sie eher langsamer oder schneller fahren als im ersten Fall? Der Verzicht auf den Theaterbesuch wird verglichen mit der Vorfreude auf das Wiedersehen mit der Person in Köln. Es lohnt sich für Sie und Sie werden sich freudig für die Reise nach Köln entscheiden und den Preis des nicht stattfindenden Theaterbesuchs gern in Kauf nehmen.

Der Hauptunterschied liegt in den Emotionen, die beide Situationen hervorrufen. Was wir gern machen, braucht uns keiner anzuordnen. Das ist das Geheimnis der Selbst-Motivation. Leider ist das Wort Arbeitsfreude beinahe in Verruf geraten. Unser Zeitgeist suggeriert und empfiehlt, Freude in der Freizeit zu erleben, und verbindet Arbeit eher mit Leid und Last. In unserer jahrzehntelangen Erfahrung haben wir einen Zusammenhang festgestellt:

Menschen, die Spitzenleistungen erbringen, fühlen sich mit ihrer Arbeit wohl und erleben bei der Arbeit Freude, Vergnügen und Spaß. Die Arbeit hilft ihnen, der zu werden, der sie sind. Leider ist das stimmige Wort „Selbstverwirklichung" in Verruf geraten.

Anleitung:
Überprüfen Sie immer wieder, ob Sie im richtigen Beruf sind, ob Ihnen das Führen von Menschen wirklich Spaß macht und ob Sie Menschen mögen. Der Erfolg stellt sich von selbst ein, wenn Sie sich in Ihrem Beruf als ganze Person einbringen können. „Lauf nie dem Geld nach. Wenn du das Richtige tust, wird das Geld dir nachlaufen", heißt es.

Im Zusammenhang mit Selbst-Motivation muss auch über Werte gesprochen werden. Eine „lohnende Tätigkeit" wird ein Ziel haben, das sich in unserer Werteskala weit oben befindet. Umgekehrt wird es Jobs geben, die wir selbst bei besten Bedingungen aus Gründen, die in unserem Wertsystem liegen, auf keinen Fall übernehmen würden. So werden Atomkraftgegner zum Beispiel wahrscheinlich bei bester Bezahlung die Position eines Leiters des Endlagers von Atommüll ablehnen.

Wertorientierungen stellen eine Auffassung vom Wünschenswerten dar. Sie treffen Entscheidungen darüber, was als schön oder hässlich, richtig oder falsch, normal oder abnormal, natürlich oder unnatürlich etc. empfunden wird. Während Werte zwar abstrakt sind, sind sie gleichzeitig verhaltensrelevant, d.h., sie zeigen sich im Verhalten konkret. So könnte sich die abstrakte Wertorientierung „Freiheit" konkret darin äußern, einen teamorientierten Führungsstil einem autoritären vorzuziehen und eine Anstellung in einem sehr hierarchischen Unternehmen nicht anzustreben. Unsere Wertorientierungen entscheiden auch darüber, ob wir es als „natürlich" oder „unnatürlich" erleben, wenn Frauen Führungspositionen anstreben.

Die nachfolgende Liste von Werthaltungen dient der raschen Selbsteinschätzung und kann der Beginn einer Reflexionsphase über die Selbstmotivation darstellen:

Liste möglicher Wertorientierungen (Werte-Checkliste):

Wählen Sie Ihre 5 wichtigsten Werte und reihen Sie diese nach ihrer Wichtigkeit.

Abwechslung

Ausbildung

Ausgeglichenheit

Beruf/Karriere

Familienleben

Freundschaft

Freizeit

Frieden

Gesundheit

Gerechtigkeit

Gleichheit

Kinder

Liebe

Menschlichkeit

Natur

Persönlichkeitsentfaltung

Sicherheit

Unabhängigkeit

Wohlstand

Gesellschaftliche und individuelle Werte beeinflussen einander, sind örtlich und zeitlich bestimmt und unterliegen einem Wandel.

Mitgefühl – Empathie

Der Filialleiter einer österreichischen Bank im Ausland ersucht um ein paar freie Tage, um am Begräbnis seiner Mutter teilzunehmen, die unerwartet mit 61 Jahren verstorben war. Die Antwort seines Chefs in Österreich: „Schauen Sie, dass das Begräbnis am Montag ist, damit Sie nicht zu lange wegbleiben müssen." Der Filialleiter antwortet nicht darauf. Ein halbes Jahr später wechselt er zum größten Konkurrenten der Bank. Der genaue dadurch entstandene Schaden ist nicht zu beziffern, aber er war hoch! Ein Eingehen auf den Gefühlszustand des Betroffenen hätte diesen Schaden abwenden können. Mangelndes Mitgefühl der Führungskräfte führt zu inneren Kündigungen und reduziertem Arbeitseinsatz der Mitarbeiter.

Unter Empathie in der Arbeitswelt ist die Fähigkeit zu verstehen, die Gefühle der Mitarbeiter, Kollegen und der Vorgesetzten wahrzunehmen und sie intelligent zu berücksichtigen. Die Fähigkeit, eigene Gefühle abzusenden und fremde zu empfangen, hat – nach Charles Darwin – wesentlich zur menschlichen Entwicklung beigetragen, und zwar dazu, soziale Ordnung herzustellen und zu erhalten.

Aus traditioneller Sicht wird dem Mitgefühl kein großer Stellenwert in der Führungspraxis eingeräumt. Und doch ist dieser Baustein der emotionalen Intelligenz ganz entscheidend:

- wenn es um den Abbau von Widerständen im Zusammenhang mit Veränderungen im Unternehmen geht;
- für die Teamarbeit;
- für die Herausforderungen der Globalisierung;
- für den Umgang in und mit verschiedenen Kulturen;
- wenn Menschen für die gemeinsame Bewältigung schwieriger Situationen zu gewinnen sind (freiwilliger Gehaltsverzicht, Extraschicht wegen hoher Auftragslage, Personalabbau, Reduktion der Sozialleistungen wie Betriebsrenten, „feindliche Übernahme"...);
- für die Entwicklung von Vertrauen;
- wenn Mitarbeiter zu Höchstleistungen zu motiveren sind.

Die Wichtigkeit von Empathie wird am Beispiel des Berufsstandes „Verkäufer" ganz besonders deutlich. Die wichtigste Frage für Verkäufer ist, herauszufinden, welche emotionale Reaktion der Kunde verspürt, während er, der Verkäufer, spricht. Er sollte bemerken, dass sein Kunde gelangweilt nach den Preisen von Autolimousinen fragt, beim Anblick eines Geländewagens sein Gesicht sich jedoch erhellt und die Augen aufleuchten. Dabei ist zu berücksichtigen, dass dasselbe Gefühl eine ganze Reihe unterschiedlicher Reaktionen auf der Verhaltensebene oder der physischen Ebene hervorrufen kann.

Ärger kann sich zum Beispiel bei jemandem daran zeigen, dass er lauter spricht. Ein anderer zeigt seinen Ärger durch das Zittern seiner Hände.

Sam Walton, der Gründer von Wal-Mart, zu seinem Geheimnis der Mitarbeiterführung befragt, meinte: Herausfinden, wie man zum Erfolg seiner Mitarbeiter beitragen kann.

Sowohl für den Verkäufer als auch für Sam Walton zeigt sich, wie wichtig ein hohes Maß an Empathie ist. Besonders dort, wo die Gesprächspartner ihre wahre Motivation zu verstecken trachten – ein alltägliches Phänomen im Geschäftsleben –, hilft Empathie ganz entscheidend. Mangelnde Empathie zeigt sich bei Führungskräften, denen Begriffe oder Einstellungen wie „mangelndes Fingerspitzengefühl", „Elefant im Porzellanladen", „nur über meine Leiche" zugeordnet werden.

Fähigkeiten, die zu Empathie führen:

- *Aktives Zuhören (wesentlich mehr zuhören als selber reden!).* Es ist interessant, dass das chinesische Schriftzeichen für „hören" aus den Bildern für Ohr, Hirn und Herz besteht. Wenn Führungskräfte in Mitarbeitern nur Instrumente zur Erreichung ihrer Ziele sehen und nicht als Menschen, fehlt oft das Interesse, ihnen auch zuzuhören. Ziel des aktiven Zuhörens ist, dass der andere sich gehört (erhört) fühlt.
- *Aufmerksames Beobachten nonverbaler Zeichen (Körpersprache).* Sigmund Freud meinte treffend, Menschen können keine Geheimnisse behalten. Auch wenn ihre Lippen schweigen, plaudern ihre Fingerspitzen.
- *Bewusstheit über die eigenen Vorurteile.* Der amerikanische Autor Frederick Meyer hat einem seiner Bücher den Titel „Vorurteile – Geißel der Menschheit" gegeben. Menschen mit unbewussten Vorurteilen reagieren auf andere Menschen als Stereotype und nehmen sie nicht als einmalige Individuen wahr. Überlegene Teamleistungen beruhen größtenteils gerade auf dem Nutzen der Unterschiede bei den Mitgliedern des Teams.
- *Wertschätzen der anderen Person.* Führungskräfte, die anderen Menschen (und sich selbst!) stets wertend und urteilend begegnen (genau wissen, was richtig oder falsch, natürlich oder unnatürlich, schön oder hässlich ist), blockieren sich selbst und zapfen nicht das volle Potenzial ihrer Mitarbeiter an. Subtile Werturteile sind das häufigste Hindernis für

Spitzenleistungen im Team! Erst das Bemühen um nichtwertendes Verstehen schafft das Klima, in dem Mitarbeiter ihr Bestes geben.

Anleitung

Obwohl diese Bausteine der Empathie Training und längerfristige Prozesse der Selbstentwicklung erfordern, können Sie in kurzer Zeit auch schon einiges erreichen. Auf einer Seite „Mitgefühl" in Ihrem emotionalen Logbuch tragen Sie sechs Wochen lang täglich zweimal (am besten mittags und abends) ein, wie es Ihnen in konkreten betrieblichen Situationen ergangen ist. Bewährt hat sich eine Skala von 1 (verbesserungswürdig) bis 5 (ausgezeichnet). Wieder gilt, dass Sie den Effekt der Übung steigern können, wenn Sie eine Person Ihres Vertrauens um Feedback bitten.

Sie werden das Gefängnis, das Sie sich selbst errichtet haben, sprengen und die Voraussetzungen für wahre Kooperation schaffen!

Motivation – Win-Win-Beziehungen

Das Ziel emotionaler Intelligenz für Führungskräfte ist, andere Menschen zu beeinflussen und langfristige Beziehungen zu Mitarbeitern und Kunden herzustellen, von denen beide Seiten profitieren (Win-Win).

Emotionen sind ansteckend. Wir übernehmen Stimmungen und Launen von anderen, verlassen ein Gespräch erheitert, inspiriert oder traurig und deprimiert. Wir übertragen genauso unsere Gefühlslage auf andere, stecken andere mit dem sozialen Virus „Emotion" an. Diese Ansteckung passiert meist in wenigen Minuten.

Menschen, die ihre Gefühle gut ausdrücken können, wirken „ansteckender" als Menschen, die mit ihren Gefühlen sehr zurückhaltend umgehen. C.G. Jung beschreibt dieses Phänomen als Psychotherapeut im Umgang mit seinen Patienten. Er meint, es sei ein schwerer Fehler, anzunehmen, man könne sich von den Gefühlen des Patienten fernhalten und eine neutrale Distanz wahren.

Diese Aussage lässt sich genauso auf die Arbeitswelt anwenden. Der Gefühlszustand der Führungskraft überträgt sich auf die Kollegen. Nur ein begeisterter Chef kann auch begeistern! Unsere Emotionen helfen uns bei der Orientierung und zum Überleben. Sie sind oft nonverbal ausgedrückte

Warnungen, Einladungen, Signale und enthalten wichtige Informationen für unser Umfeld. Einstmals hat die Angst in unserem Gesicht unseren Gruppenmitgliedern den bevorstehenden Angriff eines Säbelzahntigers angekündigt und sie zu rascher Aktion aufgefordert. Dieses Erbe aus unserer Entwicklungsgeschichte gilt es für effektive Win-Win-Beziehungen zu nutzen.

Goleman führt mehrfach Beweise dafür an, dass die Gefühlslage der Teilnehmer an Gruppenentscheidungen über die Qualität der Zusammenarbeit und das Ergebnis entscheidet. Vielleicht haben Sie schon beobachtet, wie Busfahrer das erregte und angespannte Klima im vollbesetzten Autobus zum Guten wenden können – durch einen Scherz oder ihre Gelassenheit und ihr Mitgefühl, zum Beispiel: „Ich denke, dass die Hitze bei dem Gedränge in dem Bus für euch sehr unangenehm ist." Oder wie ein Teammitglied durch nur im Gesicht zur Schau gestellten Frust die Kooperationsbereitschaft des gesamten Teams blockiert. Oder wie eine inspirierte Führungskraft freundlich lächelnd das Sitzungszimmer betritt und die depressive Stimmung des Teams im Nu verflogen ist. All das sind Beweise dafür, dass Gefühlslagen ansteckend wirken und andere Menschen beeinflussen.

An dieser Stelle soll die ganz zu Anfang des Buches herausgestellte Definition wiederholt werden:

Führen heißt Ziele erreichen mit Menschen.

Neben dem Aspekt, die Unternehmensziele im Auge zu behalten, besteht der weit anspruchsvollere Teil des Führens darin, Menschen so zu beeinflussen bzw. zu motivieren, dass sie die Unternehmensziele zu ihren eigenen Zielen machen.

Ist das nicht schon Manipulation?

Entscheidend für die Antwort ist, ob die Führungskraft mit offenen Karten spielt. Ob sie die Mitarbeiter als ganze Menschen mit vielen Fähigkeiten, Wünschen, Bedürfnissen und Emotionen wahrnimmt und ebenso sich selbst als ganzer Mensch darstellt: mit Fähigkeiten, Wünschen, Bedürfnissen, Emotionen, Machtansprüchen, Zielen etc. So sind die Voraussetzungen für Motivation gegeben, d.h., die Mitarbeiter finden ein Umfeld vor, in dem sie sich motiviert fühlen.

Sieht die Führungskraft die Mitarbeiter jedoch nur als Mittel, ihre eigenen – häufig auch versteckten – Ziele zu verwirklichen, so hat diese Interaktion durchaus manipulativen Charakter.

Beide Methoden können zum Ziel führen. Langfristig ist wohl die Motivation zu bevorzugen. Meist durchschauen die Menschen, dass sie manipuliert worden sind, und lassen sich auf dasselbe Spiel kaum noch ein zweites Mal ein. Mit entwickelter emotionaler Intelligenz gewinnen Sie Menschen, nicht Kriege. Demnach gibt es zwei Sieger, keine Verlierer. Emotional intelligente Führungskräfte wissen, wann sie „nett" und wann sie „hart" sein müssen.

Wer Führen auch als Kunst versteht, nimmt Kontakt mit den unterschwelligen Gefühlen seiner Mitarbeiter auf und kann die Auswirkungen seiner Handlungen auf diese Strömungen meist abschätzen. So entstehen

- ein großes Maß an Übereinstimmung und Unterstützung – auch für schmerzhafte betriebliche Maßnahmen (wie Kosteneinsparungen oder Personalabbau),
- ein vertrauensvolles Klima der Zusammenarbeit,
- Teamgeist und
- Bereitschaft für Veränderungen.

Wenn Sie Ihre Gestaltung von Win-Win-Beziehungen weiterentwickeln möchten, so überprüfen Sie zunächst Ihr Menschenbild. Was halten Sie von Ihren Mitarbeitern? Erleben Sie eine große Gemeinsamkeit oder betonen Sie die – letztlich trennenden – Unterschiede? Welches ist Ihr herrschendes Muster im Umgang mit anderen? Fühlen Sie Konkurrenz und möchten gewinnen (Win-Lose)? Oder versuchen Sie, durch Zusammenarbeit sowohl Ihre eigenen Interessen als auch die des anderen zu berücksichtigen (Win-Win)? Eine längere Beobachtungsperiode mit Eintragungen in Ihrem „emotionalen Logbuch" wird den Fortschritt sichtbar machen!

Zusammenfassung des Kapitels „Sozio-emotionale Intelligenz"

Es ist offensichtlich, dass die Führungskraft mit ihren menschlichen Fähigkeiten als Persönlichkeit den größten Einfluss auf die Effizienz und den Gewinn einer Abteilung, ja, des ganzen Unternehmens ausübt.

Das Produkt aus intellektueller Kapazität und emotionaler Kompetenz macht den Führungserfolg aus. Die Defizite liegen derzeit noch auf der emotionalen Seite.

Wir wünschen uns, dass dieses Buch und unsere Arbeit dabei helfen, diese Defizite zu erkennen und auszugleichen – und so zu Ihrem unternehmerischen Erfolg beitragen werden!

Literatur zum Thema

Adams, J. S. (1965). In: Berkowitz (Hrsg.) Advances in Experimental Social Psychology. New York, Academic Press, 267-299.

Alderfer, C. P. (1972). Existence, Relatedness and Growth: Human Needs in Organizational Settings. New York, Free Press.

Argyris, Chris (1999). Lernende Organisation. Stuttgart: Klett-Cotta.

Argyris, Chris (1997). Wissen in Aktion. Eine Fallstudie zur lernenden Organisation. Stuttgart: Klett-Cotta.

Axelrod, Robert (2005). Die Evolution der Kooperation. Studienausgabe. München: Oldenbourg.

Bateson, Gregory (1994). Ökologie des Geistes. Frankfurt a.M.: Suhrkamp.

Bennett-Golemann, Tara (2004). Emotionale Alchemie. Frankfurt a.M.: Fischer.

Blake, Robert R., u. a. (1993). Unternehmensentwicklung mit GRID. Der Weg zur effektiven Organisation. Frankfurt a.M.: Campus.

Blake, Robert R. und Mouton, Jane S. (1988). Besser verkaufen durch GRID. Das Verhaltensgitter als Methode zum optimalen Verkauf in Handel, Industrie und Dienstleistung. München: Econ.

Blanchard, Ken und Shula, Don (1996). Talent zum Coach hat jeder. Wien: Ueberreuter.

Cooper, Robert K. und Sawaf, Ayman (1998). EQ: Emotionale Intelligenz für Manager. München: Heyne.

Covey, Stephen (2005). Die 77 Wege zur Effektivität. Prinzipien für privaten und beruflichen Erfolg. Offenbach: Gabal.

Covey, Stephen (2008). Die effektive Führungspersönlichkeit. Frankfurt a.M.: Campus.

Dawkins, Richard (2007): Das egoistische Gen. München: Elsevier.

Deci, E. L. (1975). Intrinsic Motivation. New York: Plenum Press.

Drucker, Peter (1998). Die Praxis des Managements. München: Econ.

Freud, Sigmund (2000). Studienausgabe – Psychologische Schriften. Frankfurt a. M.: Fischer.

Fromm, Erich (2005). Haben oder Sein. München: dtv.

Fromm, Erich (2005). Von der Kunst des Zuhörens. Berlin: Ullstein.

Gall, Stefan, Kerschreiter, Rudolf und Mojzisch, Andreas (2002). Handbuch Biopsychologie und Neurowissenschaften. Ein Wörterbuch mit Fragenkatalog zur Prüfungsvorbereitung. Bern u.a.: Huber.

Goleman, Daniel. (2001). Emotionale Intelligenz. München: dtv.

Grün, Jochen u. Iris (2005). Do – der Weg. München: Atmosphären Verlag.

Herzberg, F. et al. (1959). The Motivation to work. New York: Wiley.

Iacocca, Lee und Novak, William (1995). Iacocca – eine amerikanische Karriere. Sonderausgabe. Düsseldorf: Econ.

Kets de Vries, Manfred F.R. (1992). Cheftypen. Zwischen Charisma, Chaos, Erfolg und Versagen. München: Mosaik.

Latham, G. P. und G. A. Yukl (1975). A review of research on the application of goal setting in organisations. In: Academy of Management Journal, 18, S. 824-845.

Levitt, S. und Dubner, S. (2007). Freakonomics – Überraschende Antworten auf alltägliche Lebensfragen. München: Goldmann.

Likert, Rensis (1975). Die integrierte Führungs- und Organisationsstruktur. Frankfurt a.M.: Campus.

Luft, Josef (1993). Einführung in die Gruppendynamik. Frankfurt a. M.: Fischer.

Marquardt, Michael und Schwandt, David (2000). Organizational Learning. Boca Raton: CRC Press.

Martin, H. und Schumann, H. (1998). Die Globalisierungsfalle. Reinbek bei Hamburg: Rowohlt.

Maslow, Abraham (1999). Motivation und Persönlichkeit. Hamburg: Rowohlt.

Maslow, Abraham (1994). Psychologie des Seins. Frankfurt a.M.: Fischer.

Mayer, Frederick (1999). Lebensziele. Wien: Löcker.

Mayer, Frederick (2001). Schöpferisch erleben. Köln u.a.: Böhlau.

McClelland, David (1978). Macht als Motiv: Entwicklungswandel und Ausdrucksformen. Stuttgart: Klett-Cotta.

McGregor, Douglas (1986). Der Mensch im Unternehmen. Hamburg u.a.: McGraw Hill.

Miegel, Meinhard (2007). Epochenwende – Gewinnt der Westen die Zukunft? Berlin: List.

Milgram, Stanley (1995). Das Milgram-Experiment. Zur Gehorsamsbereitschaft gegenüber Autorität. Reinbek: Rowohlt.

Moss Kanter, R. (1996). Weltklasse – Im globalen Wettbewerb lokal triumphieren. Wien: Ueberreuter.

Porter, L. N. und E. E. Lawler (1967). Antecedent attitudes of effective managerial performance. In: Organizational Behavior and Human Performance 2, S.122-142.

Porter, M. (1999). Wettbewerbsstrategie – Methoden zur Analyse von Branchen und Konkurrenten. Frankfurt a.M.: Campus.

Reich, Robert B. (1999). Goodbye Mr. President. Aus dem Tagebuch eines Clinton-Ministers. München: Econ & List.

Rosenstiel, Lutz v. u. a. (2005). Organisationspsychologie. Stuttgart: Kohlhammer.

Schulz von Thun, Friedemann (2007). Miteinander Reden. Reinbek: Rowohlt.

Senge, Peter M. (1998). Die fünfte Disziplin – Kunst und Praxis der lernenden Organisation. Stuttgart: Klett-Cotta.

Senge, Peter M. u.a. (2004). Presence – an exploration of profound change in people, organizations and society. New York: Organizational Learning.

Skinner, B. F. (1938). The Behavior of Organisms. New York: Appleton-Century-Crofts.

Tannen, Deborah (1999). Andere Worte, andere Welten – Kommunikation zwischen Frauen und Männern. München: Goldmann.

Tannen, Deborah (2002). Warum sagen Sie nicht, was sie meinen? München: Piper.

Tausch, Reinhard (2000). Hilfen bei Stress und Belastung. Reinbek: Rowohlt.

Thurow, Lester (2006). Die Zukunft des Kapitalismus. Regensburg: Walhalla.

Todes, Daniel P. (1989). Darwin Without Malthus: The Struggle for Existence in Russian Evolutionary Thought. Oxford: Oxford University Press.

Tuckman, Bruce W. (1991). Educational Psychology: From Theory to Application. Thomson Learning

Ulich, Eberhard (2005). Arbeitspsychologie. Stuttgart: Schäffer-Poeschel.

Vogel, Christian. (1989). Vom Töten zum Mord. München: Hanser.

Vroom, V.H. (1964). Work and Motivation. New York: Wiley.

Walton, Sam und Huey, John (2001). Wal-Mart: die Geschichte von Sam Walton und seiner erfolgreichen Handelskette. Landsberg: mi / Moderne Industrie

Welch, Jack und John A. Byrne (2005). Was zählt. Die Autobiographie des besten Managers der Welt. Berlin: Ullstein

Watzlawick, Paul u.a. (2007). Menschliche Kommunikation. Formen, Störungen, Paradoxien. 11., unveränderte Auflage. Bern: Huber.

Weber, Max (2006). Die protestantische Ethik und der Geist des Kapitalismus. München: FinanzBuch.

Wilson, Edward O (2004). Die Zukunft des Lebens. München: Goldmann.

Stichwortverzeichnis

Über die Autoren

Das Team:

Wir sind ein Team von Beratern aus verschiedenen akademischen Richtungen: Der Ökonomie und Organisationspsychologie (Dr. Sigrun Schlick), der Biologie, Anthropologie und Genetik (Dr. Alexander Schlick) und der Psychologie (Mag. Maria Lucia Marinho).

Wir haben es uns zur Aufgabe gemacht, arbeitende Menschen, Arbeitsgruppen und ganze Organisationen bei ihrer Entwicklung zu unterstützen und zu begleiten. Das tun wir mithilfe von drei Methoden – Consulting, Training und Coaching.

Der multikulturelle Ansatz ist unsere Stärke, weshalb unsere Dienstleistungen in Deutsch, Englisch und Portugiesisch angeboten werden.